马一帅 ——

著

台海出版社

图书在版编目(CIP)数据

混日子是没有未来的 / 马一帅著. — 北京:台海出版社,
2018.10

ISBN 978-7-5168-2144-2

Ⅰ.①混… Ⅱ.①马… Ⅲ.①成功心理-青年读物
Ⅳ.①B848.4-49

中国版本图书馆 CIP 数据核字(2018)第 235768号

混日子是没有未来的

著　　者:马一帅

责任编辑:王　萍

装帧设计:快乐文化　　　　　　版式设计:通联图文
责任校对:罗　金　　　　　　　责任印制:蔡　旭

出版发行:台海出版社
地　　址:北京市东城区景山东街 20 号　　邮政编码:100009
电　　话:010-64041652(发行,邮购)
传　　真:010-84045799(总编室)
网　　址:www.taimeng.org.cn/thcbs/default.htm
E - mail:thcbs@126.com

经　　销:全国各地新华书店
印　　刷:北京鑫瑞兴印刷有限公司
本书如有破损、缺页、装订错误,请与本社联系调换

开　　本:880mm×1230 mm　　　　1/32
字　　数:180 千字　　　　　　　印　　张:8
版　　次:2019 年 1 月第 1 版　　　印　　次:2019 年 1 月第 1 次印刷
书　　号:ISBN 978-7-5168-2144-2

定　　价:39.80元

前　言

1

马云在一次演讲中曾经说道:"当你不去旅行,不去冒险,不去拼一份奖学金,不去过没试过的生活,整天挂着QQ,刷着微博,逛着淘宝,玩着网游,干着我80岁都能做的事,你要青春干什么?"马云用自己的创业经历证明,此话大有道理。

如果在本该奋斗的年纪选择了安逸,对自己的未来人生缺乏一个有效可行的规划,那么很容易逐渐迷失自我,变得庸碌无为。然而,当下很多年轻人却常常把"享受现在、及时行乐"挂在嘴边,甚至奉为座右铭……

我曾经在微博上收到这样一封私信:

"我是一家传媒学院的应届毕业生,学校名我就不提了,因为不值得一提。我学习的是新闻专业,可是我现在感觉非常迷茫,完全没有方向,我曾经想成为一名记者或者编辑,可是读完四年大学我才发现,我对这个行业一点提不起兴趣,或许是我有些眼高手低,或许是我的想法有些不切实际,或许因为我想了一千次却从来没有认真地去做一次。马上就走出校门了,我现在就是每天忙于跟同学聚餐,喝完酒睡觉,醒来接着喝,浑浑噩噩,我非常讨厌这样的自己,却又改变不了自己……"

我回复他:"你的兴趣是什么呢,或者你最擅长的是什么呢?"

他回答:"我也不知道!我喜欢去各地旅游,于是有同学建议我去做导游,可是我觉得做导游太累。导游跟游人心态完全是两码事。要说擅长什么,打《穿越火线》游戏的话,我们班我还没遇到对手!"

类似这种信,我在微博里还收到好几封,我总是问:你知道自己到底想做什么吗?

——不知道。

再问:那就说点不切实际的,你的梦想是什么?

——算了,感觉肯定实现不了,还是不说了。

2

很多年轻人,在走出大学校门后,发现社会跟学校完全是两个世界。

有可能你在学校时成绩一直名列前茅,老师们都很喜欢你,但社会有别于学校,更看重的是资历,如果你缺乏经验的积累,很有可能四处碰壁。

如果你在年轻的时候,不逼自己一把,得过且过混日子,不思考未来的路怎么走,渐渐地,你会安于现状,习惯并接受了平庸而卑微的生活,失去了年轻人本应该有的闯劲儿和干劲儿。

看着年龄逐年增加,眼瞅着三十岁就快到来,甚至眼瞅着即将奔四,于是你开始慌乱了——你所谓"岁月静好,现世安稳",只不过是预支了十年后的幸福,未来总是要还的。

生活从不会主动为你把路铺好,不驰于空想,不骛于虚声,踏踏实实去奋斗,才能收获你想要的幸福。说到底,你渴望的生活,只有自己能给得起。

亲爱的朋友,如果老天善待你,给了你优越的生活,请你不要收敛了自己的斗志;如果老天对你百般设障,更请你不要磨灭了信心和勇气。

当你想要放弃努力的时候,不妨想想那些为了梦想,睡得比你晚、起得比你早、奔跑得比你卖力、天赋却还比你高的人,他们早已在你虚度光阴时到达那个你永远都在眺望的远方。

3

青春是一种令人羡慕的资本,请妥善使用,万万不可随意挥霍。

人生没有重来,你走过的每一步都算数。如果你选择一往无前,那么你终将成为领跑者。如果你选择混日子,那么也许等到数年之后,连后悔都来不及了。

青春是一场滂沱的大雨,我们都曾在青春里挣扎、迷茫、困惑、无助……但我们终归还是要拼命让自己好好活下去。凭什么?凭吃苦、奋斗的品质,这是青春的两大财富。

只要心里有光,就无须惧怕黑夜。本书写给所有在青春路上迷茫的人。愿你吃苦奋斗过以后,能够活出自己最精彩的青春模样!

目　录

NO. 4

别在该奋斗的年纪选择安逸,别因一时的艰辛放弃梦想 **/ 97**

把你所说的"我不行"换成"我可以",把"我一定做不好"换成"我尽最大努力做好它"。

NO. 7

不吃苦,不奋斗,你的青春剩什么   **/ 183**

你所谓舒适的青春,只不过是预支了十年后的幸福,混日子,总是要还的。青春是资本,可以使用,但不可以随意挥霍。

NO.1

最怕你碌碌无为，
还安慰自己平凡可贵

你自己都不知道自己想要什么，命运又怎会给予你想要的东西呢？你或许没意识到你常说的平凡可贵，正是一种无形堕落。你的人生，应该自己来掌舵，而不是随波逐流、得过且过。

你不给力,就别说生活亏欠你

1

小周跟小陈同在一家商场做导购工作,小周在这家商场已经干了4年。小周在商场柜台边与他一个朋友闲聊,小周觉得商场对他不够器重,他准备离职。

交谈中,有个顾客走到小周面前,说想买一个旅行包。小周忙于聊天,对顾客的问询不理不睬。顾客再次追问,小周才懒洋洋地回答:"这边没有卖旅行包的。你拐个弯去前面再问问,我不清楚。"

小陈来商场工作还不足一年。有一天下午,外面下着雨,一位老先生走进店里,漫无目的地闲逛,看上去他并没有打算买些什么。小陈主动上前跟这位老先生打招呼,询问他是否有需要服务的地方。老先生说,他只是进来避避雨,没有什么要买的。小陈忙说,没关系,即便是进来避雨,商场也是非常欢迎的。当老先生离开时,小陈还送他出门,并帮他把雨伞撑开。这位老先生向小陈要了一张名片,就走了。

后来的一天，小陈突然被商场总经理叫到办公室，总经理向他出示了一封信，是那位老先生写来的。老先生要求这家商场派一名销售员前往国外，代表他的公司接下一宗大生意。老先生特别指定小陈接受这项工作。原来，这位老先生正是总经理的父亲。

小周在得知新人小陈获得这样一个大好机会以后，他愤怒了，他逢人便说小陈肯定是总经理的亲戚，如果不靠走后门，这个机会怎么也轮不到小陈。

2

成功是一件非常难的事情，但并不是一件不可完成的事情，有很多人取得了成功，站在了成功的顶峰上。这些人之所以能够取得成功，主要是因为他们懂得为自己积蓄一切可以成功的力量。

星星依然是那颗星星，世界依然是那个世界。只是在不同人的眼中，看到的景物也不尽相同。你用欣赏的眼光去看，就会发现许多靓丽的风景；你带着满腹怨气去看，就会觉得世界一无是处。

其实，觉得世界不公平，本质还是你不够强大，你还没有做得足够好。

在琐碎的日常生活中，每天都会有很多事情发生，如果你一味沉溺在已经发生的事实中,不断地指责,不停地抱怨,总觉得生活亏待了你,总觉得他人都比你幸运。这样持续下去,你的心境就会越来越沮丧。你将注定活在迷离混沌的状态中,抬头可见的明朗星空你也视而不见。

请欣然接受生命的雕琢,不管人生怎么样,给情绪一个自制的阀门,不要总把自己囚禁在苦恼中,人生有无限的可能,一切都掌握在你手里。

3

她是一个从农村走出来的姑娘。曾经身无分文,如今腰缠万贯。仅仅用了3年时间,23岁的她就收获了属于自己的成功。

3年前,她的身份还是一名保姆。有一天,女主人带她去参加一家楼盘的开盘仪式。当时,售楼处人山人海,销售员在带大家参观样板房时,不知道是谁不小心撞翻了客厅电视机旁的花盆架,正好砸在电视机上,电视机屏幕瞬间碎裂。看房的人们面面相觑,纷纷推卸责任,都说不知道怎么回事。销售员望着碎裂的电视机屏幕,欲哭无泪。

回家的路上,她一直在脑海里回想着刚才发生的事。途经一家玩具店时,她突发奇想:能不能像玩具模型那样,用一种塑料的仿真家电来代替实物呢？这样一来，开发商不仅可以降低成本，挪动起来也更轻便，且无惧磨损摔碰。

她把自己心里所想告诉了女主人，没承想女主人当即对她的想法表示认可，还表示愿意出钱投资。她在欣喜若狂的同时也产生了顾虑：自己只是一个小保姆，做这样的事会不会让人嘲笑？她把自己的顾虑怯怯地说给女主人，女主人听完非常平静，诚恳地对她说了一句让她永生难忘的话：这个世界上，没有谁生来平庸。

在女主人的资助下，她成功地设计并生产出家电模型。她拿着模型及宣传册到各个楼盘、房地产公司去推销。因为一套家电模型的成本，不及实物成本的十分之一，且比实物看起来更美观耐用，她的产品备受客户的青睐，首批生产的几十套产品，很快就销售一空。

初次尝试就取得了成功，这给了她莫大的信心。之后，大到沙发、衣柜、书柜、电脑桌，小到厨具、餐具、小装饰，她的模型公司都开始进行生产。有一段时间，产品竟然出现了供不应求的局面。不到一年的时间，她的公司就迅速发展起来，积聚起上百万的资产。

当年那个孤陋寡闻的农村小姑娘，而今摇身一变成了一家大公司的老总。有人说，是她运气好，做保姆时遇到了好雇主。可只有见证了那段历程的人才知道，她的今天，绝非全都仰仗命运的恩宠，更多的是她自身的努力。当初，在售楼处看房的人摩肩接踵，在电视机被打碎的时候忙着推卸责任的人亦不在少数，而后真正用心去思考这件事，并从中发现商机的人，却屈指可数。

　　许多看似得到运气青睐的人，也许最初都不过是平平庸庸的一分子，只是他们不抱怨生活，不畏惧挑战，而是每分每秒都在用心感受生活，留意那些转瞬即逝的机会。所以，别再说生活亏欠了你，当你足够用心、足够努力的时候，人生才有逆袭的可能。

输在了起点，就一定要想办法赢在终点

1

　　一位父亲带着自己的女儿去荷兰参观著名画家梵·高的故居。女儿在小屋中转来转去，在看过那张小木床及裂了口的皮鞋之后，女儿问父亲："爸爸，梵·高作为世界闻名的画家，怎么会住在如此破败的地方？"

　　父亲回答："梵·高虽然有名，但他生前是一个连妻子都没有娶上的穷人。"

第二年,这位父亲又带着女儿去丹麦参观了安徒生的故居。女儿站在安徒生生前住过的阁楼里问父亲:"爸爸,安徒生不是生活在皇宫里吗?"

父亲抚摸着女儿的头,告诉她:"安徒生出生于一个贫穷的家庭,他的童年生活非常疾苦。"

这位父亲的身份是一名普通水手,他常年来往于大西洋的各个港口,他并不富裕,但总能给自己的女儿带来信心和希望,告诉她世界上许多新鲜有趣的事以及各式各样的人物传奇。他给女儿讲过许多名人的故事,告诉她那些名人曾经是怎样的卑微, 他们又是如何从卑微中走了出来,成为影响世界的著名人物。

他还告诉女儿,这些人不管曾经遭遇怎样的挫折与打击,他们的内心中永远都充满着阳光和自信,正是这股信念最终指引他们走向了成功。

他的女儿叫格温多林·布鲁克斯,是世界上第一位获普利策文学奖的黑人作家。

二十多年后, 格温多林·布鲁克斯回忆自己童年的时候,曾经深情地说:"我小时候,家里除了贫穷以外,还因为是黑人家庭,被许多人看不起。父亲是靠卖苦力为生的,他一辈子没有享过什么福。因此,在很长一段时间里,我一直认为像我们这样地位卑微的黑人是不可能有什么出息的。

是父亲让我认识了梵·高和安徒生，也是父亲让我认识到了黑人并不卑微。这两个人的经历让我知道，上帝没有看轻任何一个人。只要相信自己，通过自己的努力，任何人都有可能获得自己梦想中的成功，而自信正是走向成功的第一步！"

出身卑微并不可怕，对于很多草根阶层来说，卑微的出身会带给他们更多的思考，在思考中能沉淀更多的才能和智慧。有上进心的人总能够让不幸的命运有所改变，最后赢得赞美，成为人们眼中的英雄。

2

蔡康永说："你无法选择自己的原生家庭，但是你可以选择掌控自己的人生。"这就好像上帝发给你的第一手牌，抓到好牌的人的确值得庆贺，抓到烂牌的也并非一定会输。好牌，我们要争取去赢；烂牌，我们更要努力去把它打好。有的人原本手握好牌，却自命不凡、高开低走，结果一败涂地；有的人手握烂牌，却沉稳冷静、运筹帷幄，最终翻盘成功。

诗人萨迪说："假如你的品德十分高尚，莫为出身低微而悲伤，蔷薇常在荆棘中生长。"或许我们没有一个良好的家境，或许我们的先天条件没有别人好，但是只要我们敢于正视自己的劣势，敢于选择成功的道路，我们一样能走出精彩的人生。

因此，无论上帝发给你的牌是"好"还是"烂"，它都对你的未来产生不了决定性的影响。假如你有梦想，就要勇敢去追逐，不给自己留下遗憾和后悔，不要太过计较眼前得失，要有长远的目光，要有自己坚定不移的信念和方向。人生的轨迹不要用他人的标尺来衡量，也不必刻意试图复制他人的脚步。

3

我有一个同学出生在湖北大别山区的一个小山村。2007年，他大学刚刚毕业。毕业前夕，他父亲才用卖茶叶的收入还清了他的助学贷款。我也是在那一年第一次去他家。

从镇上到他家需要走近两个小时的山路，走到他家门前，我完全被眼前的景象惊呆了，3间土坯房，歪歪斜斜，似乎随时有倾塌的可能。同学看出我的诧异，不以为然地微微一笑："这些年爸妈一直供我和弟弟读书，所以也就没钱拾掇房子了。"进屋后一看我更是震惊，家里能称得上家电的除了一台黑白电视机跟一台老式电风扇，大概只有电灯泡了。2007年啊,我们多少人的笔记本电脑都更新换代好几个了吧?

他的父亲患有先天眼疾,只能看到微弱光线,从他上小学开始,他的父亲就以走街串巷帮人算命谋生。家里的农活基本上是他母亲承包了,一个50岁出头的妇人看上去像一个六七十岁的老妪。席间,同学还有他的家人在跟我讲述过往不易的时候,轻描淡写、云淡风轻,可是我听到心里全是沉甸甸的不幸。

那顿饭我吃进去的只有心酸。

一晃7年未见,我再次跟他相遇,是在深圳。我去深圳出差,那也是我第一次去深圳,他去机场接的我。刚见到他的时候,我似乎认不出来了,俨然换了一个人。他看上去沉稳干练、精力饱满,穿戴不俗又处处藏匿着低调,看得出混得不错。我跟他打趣道:"在深圳买了几套房了?"他爽朗地一笑,一如他当年在讲述自己过往不幸的模样:"三套,我把父母接过来了,他们住一套,我们住一套,就在同一个小区,还有一套现在租出去了。"

这里讲述我同学的故事,并非是以房子多少去衡量一个人是否成功。而是想借我朋友的事例说明:起点的高低,并不意味着终点的高低,低起点更能磨砺一个人的心气。再卑微的起点,只要你肯努力,终点同样可以精彩无限!

你的主人是你自己,只有放弃对生活的抱怨,往前走,不要回头,努力改变不好的状态,才能走出一条属于自己的道路。相信,在未来的日子里,你会感谢现在拼命的自己。

世界并不残酷,它只是不偏袒你而已

1

我有个表弟,高中时沉迷于网络游戏,原本是一家省重点高中的尖子生,最终只考了个三本学校。大二还没读完,他觉得没意思,自作主张退学了。退学后与人合伙做生意,自己创立了一个奶茶品牌。后来,品牌知名度渐渐做起来了,加盟商越来越多,生意越做越大,每年光收加盟费都可以收到数百万元。现在,在一个二线城市,有房有车,有老婆孩子,生活幸福无忧,整天吃喝玩乐。

于是有人觉得不公平:我认真读书,读完本科读研究生,进公司后每天累死累活、起早贪黑。每月的工资还不够买老婆的一个包。

是啊,这时候大多数人都会说不公平,但当初他考三本的时候,不是还被考上好学校的人嘲笑吗?他退学的时候,不是还被人当作笑柄吗? 一旦别人过得好了,人们就开始感叹这个世界太残酷。

有的人坐在图书馆其实并没有在学习;有的人哪怕走在去食堂的路上都在温故知新。

于是没有学的人会说,我和他上一样的课,为什么他的成绩好?想必他一定是天赋过人、天资聪颖,或者会魔法吧?

以多数人努力程度之低,是连魔法都学不会的;更何况,这个世界是没有魔法的。

有的人感慨:我其实就是懒点儿,其实我真的不比任何人差。懒是一个很好的托词,说出来就像自己一旦勤快了就能干成大事儿一样。

有的人感慨:我只是怀才不遇,还没遇到可以展现我能力的时机呢。也许,伯乐早就出现了,而他正好没有相中你这匹"千里马"。

有的人感慨:我面试的时候肯定是碰到关系户了,不然被录取的肯定是我。把机遇的错失推卸到自己无能为力的环节,这其实就是一种逃避。

我们常常艳羡别人的成功,却往往忽视自己的不努力;我们常常嗟叹命运的不公,却很少发掘自己的潜质。

2

　　这个世界虽然存在不公，但是同时，它也创造了一个规则，那就是：我尽力，依然可以比那些和我水平相当却不努力的人，过得更好。

　　其实我很感谢这个世界的规则。社会并不残酷，它只是不偏袒你而已，它只是用各种你无法逃避的现实，告诉你：你若不努力，随时被代替；你若不坚强，软弱没人看。

　　有一位年轻貌美的女孩名叫朵拉，她在网上发表了一篇题目为《我怎样才能嫁给有钱人》的帖子，帖子发布在某论坛的金融板块里。她在帖子中写道："我今年25岁，我有着天使面孔、魔鬼身材，我有品位，也懂谈吐，我想嫁给一个年薪50万美元以上的男人，我想我有这个资本，因为我说的都是实话。其实这个要求不高，在纽约年薪100万美元才算是中产。这里有年薪超过50万美元的人吗？结婚了吗？我特别想知道如何才能嫁给你们这样的有钱人？我约会过的人中，最有钱的年薪25万美元，这似乎是我的上限。我想要住进纽约中央公园以西的高档住宅区，这必须要年薪达到50万美元才行。所以我有几个问题想要请教：第一，这些有钱男人一般都在哪里消磨时光？第二，我把目标定在哪个年龄段比较有希望？第三，为什么有些资质平平的女人却能幸运地嫁给富豪？这不公平。"

一位华尔街金融家看完帖子后回复道："亲爱的朵拉，我看了你的帖子，相信跟您同样有此疑问的女性不在少数。刚好我是一个投资专家，可以从一个投资专家的角度对你提出的问题做个分析。请放心，我不是在浪费大家的宝贵时间，我年薪超过50万美元，算得上您眼中的有钱人，符合您对伴侣的要求。"

这位热心的投资专家是这样解释的："从投资角度来看，选择跟您结婚将会是个失败的决策。道理显而易见，您的要求其实是一桩'财'和'貌'交易：您提供迷人的外表，而我负责出钱，看上去的确很公平。但是，这里面有个致命问题，随着时间的流逝，我的钱不但不会减少，反而会逐年递增，但您却不可能一年比一年漂亮，您的美貌会很快消逝。因此，从投资的角度讲，我是增值资产，您是贬值资产，而且贬值得非常快！如果容貌是您仅有的资产，那十年之后我必然亏损严重！投资中有个术语叫'交易仓位'，意思就是说一旦某种物资价值下跌就要立即抛售，而不宜长期持有。对于一件会加速贬值的物资，作为一个投资专家、一个年薪超过50万美元的人应该不会很傻，应该选择暂时持有就是租赁，而不是买入，因此，我只会跟您交往，而不会跟您结婚。所以，我奉劝您不要总是想着如何嫁给有钱人，有钱的傻瓜不太好找，您不如想办法把自己变成年薪50万美元的人，这样胜算还比较大。我的回答对您有帮助吗？顺便说一句，如果您对'租赁'感兴趣，可以联系我。"

哲人说过："如果要绝对的公平，这世界一分钟都不能生存。"

所以说，公平是相对的，美女与投资专家所认为的公平是完全不相同的。也就是说，你认为的公平对我来说不一定是公平，只有两人都认同的才算得上公平。可是这样的概率很小，因为我们常常都是从自身利益出发。

3

每个人都能说出一大堆自己遇到的不公平的事。高考大省考生太多，不公平；企业福利待遇有差别，不公平；本科生比研究生赚得都多，不公平；江浙沪包邮，不公平……

放眼你周围的人际圈，比你有钱的大有人在，比你有能力的大有人在，比你有钱又有能力还会交际的同样大有人在。此时的你，回想过去读书学习时有爹妈给生活费、无忧无虑的生活，怎么会不产生落差呢？也许你会愤世嫉俗：老天爷啊你睁眼看看，我这么有才华的一个人，怎么过得如此潦倒？

如果你一开始就无法接受这个世界的规则，那么你就永远只能做个抱怨的弱者。

别矫情，别幻灭，别颓废；不要问，不要等，不要回头。上帝喜欢勇者，喜欢直面现实的勇士，现实的黑暗自有存在的合理性，你不仅要承认接受，更要学会逆流而上，要通过自身努力去改变不公平的事实，要以平常心、进取心对待生活，不公平自然会消失得无影无踪。

亲爱的，总有人比你成绩好，总有人过得比你光鲜，这些都和你没什么关系——你心中所想，才是最重要的，你要努力去实现它。

浩瀚宇宙，渺渺众生，我们虽只是一个小人物，但这并不妨碍我们选择用什么样的方式活下去。可以看透生活的无奈，但依然选择不敷衍，依旧充满热爱并付诸努力，便是对自己最好的交代。

如果你知道去哪里，全世界都会为你让路

1

比塞尔是西撒哈拉沙漠中一个非常著名的地方，它景色宜人，每一年都有大批的旅游者来到那里。

在还没有被肯·莱文发现之前，比塞尔还是一个封闭又落后的地区。对于每一个比塞尔人来说，他们从来没有走出过这片沙漠，并非他们对这块贫瘠的土地多留恋，而是在无数次尝试离开却遭遇失败后，他们发现，要想走出这片沙漠，无异于痴人说梦。

肯·莱文在一次偶然的机会下，来到比塞尔。当他得知比塞尔人世代都无法走出这片沙漠时，他感到非常不可思议。后来，为了证明这个说法，他雇用了一个当地青年当向导，看传言到底是真是假。

肯·莱文带了半个月的水，牵了两头骆驼，并没有使用指南针等科学设备，只是挂了一根木棍，跟在当地人的后面，开始了他们的探险。

过了整整10天，肯·莱文和他的向导走了1300公里的

路程，在这期间，肯·莱文已经迷失了方向，到了第11天，他们又回到了比塞尔。

通过这次试验，肯·莱文终于明白了比塞尔走不出去的原因——因为他们不会正确地识别方向。当他们在一望无垠的沙漠中行走的时候，只是单纯地凭着感觉往前走，这使得每一个想要走出沙漠的比塞尔人，都不约而同地走出了大小不一的圆圈，他们的足迹就像一把卷尺一样，最终还是回到了比塞尔。

比塞尔处在浩瀚沙漠的中间地带，方圆上千里内没有一个参照物，当地人没有指南针，也不认识北斗星，因此，想要单靠感觉走出这片沙漠是不现实的。

在离开比塞尔之前，肯·莱文告诉他雇用的青年：白天休息，夜幕降临的时候，朝着北面的那颗星的方向走，一定能走出这片沙漠。青年依照肯·莱文说的做了，果不其然，只用了三天时间就成功走出了沙漠。这个青年名叫阿古特尔，他是第一位走出比塞尔的当地人，因此，他被视为比塞尔的开拓者。小城的中央，阿古特尔的铜像被竖立在那里，铜像的底座上刻着一行字——新生活是从选定方向开始的。

2

　　美国有一位著名科学家曾经做过一项有趣的实验:他在两个玻璃瓶里各放进了5只苍蝇和5只蜜蜂,然后,将玻璃瓶的底部对着有光源的一方,而将开口朝向暗的一方。几个小时之后,科学家发现,那5只蜜蜂全部撞死了,而5只苍蝇早就在玻璃瓶后端找到了出路。

　　一向以勤劳、聪明著称的蜜蜂为什么找不到出口呢?经研究发现,蜜蜂根据之前的经验本能认定有光源的地方才是出口,它们不停地重复这种"合乎逻辑"的行为。每次朝光源飞,它们都用尽了力量,被撞后还是不汲取教训,爬起来后继续撞向"充满光亮的前方",同伴们的牺牲并没有唤醒它们的觉悟,它们依旧朝着那个有光源的方向拼命挣扎,最终导致死亡。而5只苍蝇,由于对事物的逻辑毫不在意,全然不顾光亮的吸引,四下乱飞,在不断碰壁的过程中,它们终于找对了方向,最终发现了那个正确的出口,并因此获得了自由和新生。

　　如果说,我们眼前的人生是一片荒漠的话,那么目标无疑是我们追寻的一条道路,是帮助我们脱离困境的一条生路。

每个人都想尽办法想逃离荒漠,但并不是每个人都能够做到。智者会选择先观察、分析、思考,找出一个正确的方向,然后向着正确的方向一直走,最终,智者抵达了人生的璀璨地带。可有些人却毫无方向地四处乱窜,这里找不到,就换一个方向,再找不到,又推翻之前的判断,到最后体力透支,被永久地困在了荒漠之中……

后者显然是悲哀的,但世界上并不乏这样的人。他们想要脱离现状,却又不知从何入手,空有力气,却没有方向,最终四处碰壁。逐渐地,他们变得随波逐流,失去了闯荡的热情,也失去了对人生的信心。

3

有人说,人生是一场漫无目的的旅行,但在我看来,人生是一场有规划的修行。如果我们没有办法规划我们的人生,那么我们极容易在众多选择中失去方向。没有计划的人一定会输给有计划的人,只有带着方向感走在正确的人生道路上,才能收获完美结局。

生命是一条单行线,人的时间和精力也是有限的,在这条单行线上徘徊、迷茫、迂回的时间越长,生命消耗得就越快。

我想说,随遇而安的心态并不是豁达,它往往是在困难面前怯懦的表现。你可能真正缺乏的是与生活搏击的勇气,你害怕挑战, 害怕失败, 害怕一切归零, 因此, 更多的时候你选择了顺从, 选择了安如现状, 选择了过将就的生活。

你自己都不知道自己想要什么, 命运又怎会给予你想要的东西呢?《遇见未知的自己》里有一句非常经典的话: "当你真心想要一样东西的时候, 你身上散发出来的就是那种能量的振动频率, 然后全宇宙就会联合起来帮助你达到你想要的东西。"

因此, 任何时候, 你都要清楚自己要去哪里, 要干什么, 并坚定地朝着终点走去, 这样你才会离自己的理想越来越近。

你是尽力而为, 别人是竭尽全力

1

戴尔·泰勒是美国西雅图一位德高望重的牧师。他曾经给教会学生讲过这么一个故事:

一年冬天, 猎人带着猎狗去打猎。猎人打中了一只兔子的后腿, 受伤的兔子拼命逃生, 猎狗在其后面紧追不舍。

可是追了一阵子，兔子越跑越远，渐渐没了踪影。猎狗只好回到猎人身边。猎人生气地说："你真没用，连一只受伤的兔子都追不到！"

猎狗听了很不服气地辩解道："我已经尽力而为了啊！"

兔子带着枪伤成功地逃生，它的兄弟都围过来惊讶地问它："那只猎狗很凶啊，你的腿又受了伤，是怎么甩掉它的呢？"

兔子说："它是尽力而为，我是竭尽全力啊！它没追上我，最多挨一顿骂，而我若被它追上，可是没命了啊！"

泰勒牧师讲完故事后，又向全班郑重其事地承诺：谁要是能背出《圣经·马太福音》中第五章到第七章的全部内容，他就邀请谁去西雅图"太空针塔"里的餐厅参加免费餐会。

《圣经·马太福音》中第五章到第七章的全部内容有几万字，而且不押韵，要是背诵其全文无疑有相当大的难度。尽管参加免费餐会是许多学生梦寐以求的事情，但是几乎所有的人都浅尝辄止，望而却步了。

几天后，班上一个11岁的男孩，胸有成竹地站在泰勒牧师的面前，从头到尾按要求背完了牧师要求的部分，竟然丝毫不差。

泰勒牧师比谁都更清楚,即便成年信徒中,能够背诵这些篇章的人也是十分罕见的,何况只是一个11岁的孩子。泰勒牧师在赞叹男孩那惊人记忆力的同时,不禁好奇地问道:"你为什么能背下这么长的文字呢?"

男孩不假思索地说:"我竭尽全力!"

16年后,那个男孩成了世界著名软件公司的老板,他就是比尔·盖茨。

2

亚历克斯·哈利在美国海岸警卫队服役的时候就喜欢上了写作,但不知什么原因,他总是无法写出让人满意的作品。哈利觉得,他要找到好的灵感才能开始写作。于是,他每天都必须等待"情绪来了",才能开始写作。

可以想象,每天在等待灵感迸发前的过程是痛苦的。哈利发现越来越难以找到创作的欲望,这使得他情绪变得不稳定,也越发写不出好的作品。每当哈利想要写作的时候,他的脑子就变得一片空白,这种境况令他感到焦虑。

为了避免对着打字机发呆,他干脆离开房间,走到户外去收拾一下花园,又或者去打扫下卫生,去盥洗间刮刮胡子,他试图把写作暂时忘掉,用转移注意力的方法来摆脱焦虑的心境。

　　但是,对于哈利来说,这些做法还是没能帮他找到灵感。后来,他偶尔听了作家奥茨的经验,深受启发。奥茨说:"对于'情绪'这种东西,你千万不能依赖它,从一定意义上来说,写作本身也可以产生情绪。有时,我感到疲惫不堪、精神全无,连5分钟也坚持不住了,但我仍然强迫自己写下去,而且不知不觉,在写作的过程中,情况完全变了样。"

　　哈利认识到,要实现一个目标,你必须待在能够实现目标的地方才行。要想写作,就必须坐得住,在盥洗间或花园里,永远都写不出什么。

　　经过一番思考,哈利决定立刻行动起来。他给自己制订了一个计划,把起床的闹钟定在每天早晨七点半,到了八点钟,他便可以坐在打字机前,他的任务就是坐在那里,一直坐到他在纸上写出东西为止。如果写不出来,哪怕坐一整天,也决不动摇。他还订了一个奖惩办法:每天打完一页纸才能吃早饭。

　　第一天,哈利忧心忡忡,直到下午两点钟他才打完一页纸。第二天,哈利有了很大进步,坐在打字机前不到两小时,就打完了一页纸,较早地吃上了早饭。第三天,他很快就打完了一页纸,接着又连续打了五页纸,这才想起吃早饭的事情。

　　经过了长达12年的努力,他的作品终于问世了。这部仅在美国就发行了160万册精装本和370万册平装本的长篇小说，就是我们今天读到的经典名著——《根》，哈利因此获得了美国著名的普利策奖。

3

人与人相比，智商相差并不是很大，但如果专注的程度不同，取得的成就会大相径庭。凡是做事专注的人，往往成绩比较卓著，而时时分心的人，终究得不到满意的结果。

有人问爱迪生："成功的第一要素是什么？"爱迪生回答："能够将身体和心智方面的能量都运用在同样的一个问题上，并且能够坚持不懈地去做。我们每天都在做事情，如果从早上的七点开始的话，那么到晚上的11点睡觉，总共有整整16个小时，对于很多人来说，他们在这段时间里做了很多事情，但是我只做了一件事情，如果他们能够将这些时间用在一件事情上，那么他们就能够取得一定的成功。"

做任何事情的时候都要做到专心致志、全心全意，这就是爱迪生成功的秘诀。

世事纷扰，大多数人每天忙个不停，但其实一个人选择事情越多，那么他的精力也就越分散，自然就无法全身心地投入到一件事情中。成功不需要有很多的目标，只要有一件事情，能够让我们努力做下去，也许会遭遇重重困难，但只要自己专心于此，只要自己肯去探索，那么就一定会完成的。

我们的生活常常面临着各种挑战——不熟悉的工作、压力极大的任务等。这些很容易让我们产生焦虑和疲倦感。但有句话说得好："人生就像拔萝卜，当这次你觉得特别吃力时，也许是因为这次的收获特别大。"所以，面对压力时别轻言放弃，保持专注，勇往直前，也许将收获一片全新的天地。

很多人都渴望成功，渴望成为人中龙凤。可是若想要达到目标，就要付出异于常人的努力。而在跃"龙门"的过程中，往往会经历重重阻碍。只有全力以赴、专注目标才能更上一层楼，如果缺乏了这股韧劲，就只能止步于困难之前，一事无成。

没有等出来的精彩，只有走出来的辉煌

1

三个旅行者相约徒步穿越喜马拉雅山。他们边走边讨论实践的重要性。他们聊得投机，不知不觉中天色已晚。

等到饥肠辘辘时，几人才发现仅存的食物只有一块面包。

这三位虔诚的教徒决定把"这块面包究竟谁吃"这个问题交给老天决定。晚上，他们在祈祷声中入睡，希望老天能给一个暗示，指示谁可以享用这块面包。

次日清晨，三个人在太阳升起时醒来，又开始讨论开了。

"昨晚我做了一个梦，"第一个旅行者说，"我梦到我到了一个从没有去过的地方，享受了有生以来我一直梦寐以求却从未得到的平静与和谐。在那个地方，一个留着长胡须的智者对我说：'你就是我选择的人，你从不追求快乐，总是否定一切，为了证明我对你的支持，我想让你去品尝这块面包。'"

"真是奇怪，"第二个旅行者接着说，"我在梦中看到了自己神圣的过去和光辉的未来。当我凝视这即将到来的美好时,一个智者出现在我面前说:'你比你的朋友更需要食物,因为你要领导许多人,你需要力量和能量。'"

紧接着,第三个旅行者说:"在我的梦里,我什么都没有看见,哪儿也没有去,更没有看见智者。但是,在夜晚的某个时候,我突然醒来,吃掉了这块面包。"

另外两位听后非常愤怒:"为什么你在做出这项自私的决定时不叫醒我们呢?"

"你们俩都走得那么远,找到了大师,又发现了如此神圣的指示。昨天我们还在讨论励志课上学到的要采取行动的重要性呢。只是对我来说,老天的行动更快一步,在我饿得要死时及时叫醒了我!"

2

安东尼·吉娜是目前纽约百老汇中最年轻、最负盛名的演员之一,她曾在美国著名的脱口秀节目《快乐说》中讲述了她的成功之路。

几年前,吉娜还是大学里艺术团的歌剧演员。有一天,她告诉大家她的梦想:大学毕业后先去欧洲旅游一年,然后要在百老汇成为一位优秀的主角演员。

第二天,吉娜的心理学老师找到她,尖锐地问了一句:

· 最怕你碌碌无为，还安慰自己平凡可贵 ·

"你去欧洲旅游一年后去百老汇跟毕业后直接去有什么差别?"吉娜仔细一想:"是呀,赴欧旅游并不能帮我争取到百老汇的工作机会。"于是,吉娜决定毕业之后就去百老汇闯荡。

这时,老师又接着问她:"你现在去跟一年以后去有什么不同?"吉娜有些蒙了,想想那个金碧辉煌的舞台和那只在睡梦中萦绕不绝的红舞鞋,她情不自禁地说:"好,给我一个星期的时间准备一下,我就出发。"老师却步步紧逼:"所有的生活用品在百老汇都能买到,为什么非要等到下星期动身呢?"

吉娜终于说:"好,我明天就去。"老师赞许地点点头,说:"我马上帮你订好明天的机票。"

第二天,吉娜就飞赴全世界的艺术殿堂——纽约百老汇。当时,百老汇的制片人正在酝酿一部经典剧目,几百名各国演员前去应征主角。按当时的应征步骤,是先挑选出十来个候选人,然后让他们按剧本的要求表演一段主角的念白。这意味着要经过百里挑一的艰苦角逐。

吉娜到了纽约后,并没有急于去美发店漂染头发和买靓衫,而是费尽周折从一个化妆师手里拿到了将排的剧本。这之后的两天时间,吉娜闭门苦读,悄悄演练。初试那天,当其他应征者都按常规介绍着自己的表演经历时,吉娜却要求现场表演那个剧目的念白,最终以精心的准备出奇制胜。

就这样,吉娜来到纽约的第三天,就成功地进入了百老汇,穿上了她演艺人生中的第一只红舞鞋。

生活中,每一个成功者都有这样三个共同的特点:一是敢想,二是敢做,三是能做。敢想并不是指天马行空地乱想,而是要根据实际情况,给自己制订一个明确的目标;敢做也不是指违法乱纪,不择手段,而是指一种坚持、执着的态度,不达目的不罢休的韧劲;能做则是指循着正确的方向,努力前进。

3

我们常常说实践出真知,一件事情是否可行,会产生怎样的结果,仅仅依靠猜测是不行的,它们需要在实践中去验证,只有自己去做了,才会了解一切。

哥伦布在求学期间曾经读到过一本毕达哥拉斯的著作,在这本书中,毕达哥拉斯说:"地球是圆的。"哥伦布深深地记住了这句话。

经过很长时间的思考之后,哥伦布觉得地球如果是圆的,那么他即使向西航行也可以到达印度。很多有"常识"的哲学家和大学教授都嘲笑他的幼稚想法,他们告诉他:"地球不是圆的,是平的。"进而警告他说,如果他一直向西航行,他的船只将行驶到地球边缘而掉下去。

然而,哥伦布却对哲学家和教授们的警告不以为然,他依然相信自己的判断。可惜的是,他家境贫困,没有资金去实现自己这个冒险的想法。他不得不到其他人那里寻求经济支持,但他一连等了17年都没有人愿意资助他。他决定不再等下去,于是他起程去见西班牙王后伊莎贝拉一世,沿途穷得竟以乞讨为生。王后赞赏他的理想,并答应赐给他船只,让他去从事这项冒险的事业。但是,水手们都怕死,没人愿意跟随他去,于是哥伦布鼓起勇气跑到海滨,拉住了几位水手,先向他们哀求、劝告,甚至恫吓,逼迫他们跟随自己出海。然后,他又请求王后释放了狱中的死囚,并许诺他们,在冒险成功后,可以恢复自由之身。

1492年8月,当把一切都准备妥当后,哥伦布率领3艘帆船,开始了一次划时代的航行。

不料船队出师不利,刚航行几天,就有两艘船漏水了,接着船队又在几百平方公里的海藻中陷入了进退两难的险境。哥伦布亲自下水拨开海藻,船队才得以继续航行。他们在浩瀚无垠的大西洋中航行了六七十天,也不见大陆的踪影,水手们都绝望了,他们要求返航,否则就要把哥伦布杀死。哥伦布兼用鼓励和施压的手段,终于说服了船员。在继续前进的过程中,哥伦布忽然看见有一群飞鸟向西南方向飞去,他立即命令船队改变航向,紧跟这群飞鸟。因为他知道海鸟总是飞向有食物和适于它们生活的地方,所以他预料到附近可能有陆地。几天之后,哥伦布果然发现了美洲新大陆(当时到达的是今天的巴哈马群岛)。

如果哥伦布一直等待下去,很可能他一生都没有机会出发。毅然上路的哥伦布最终成了英雄,得到了国王的奖赏,以新大陆的发现者名垂千古。这一切都是行动的结果。

生活中,不乏这样的人,他们躺在床上想象着自己将来会取得多么伟大的成就。这些人只知道想象,却从来不知道把这种想象付诸行动。要知道,任何一个有成就的人,都有勇于尝试的经历。因为尝试就是探索,如果没有探索那么也就没有创新,而没有创新就不可能会有成就。所以,一个整天只知道幻想的人,不会拥有精彩绚烂的人生。即便有,那也只是在自己的梦里。

当我们对生活有所期待的时候,就要懂得去践行自己的想法,只有去做了才能知道最终结果是什么,如果一直都认为自己做不到,就永远也找不到最终的答案。

诚然,敢想敢做的人,必然会经历一些挫折,但是那些没有勇气去将自己所想的付诸行动的人,是永远都体会不到打拼过程中的乐趣的。要知道,受到一定程度的挫折也是自己的一笔宝贵财富。因此,要想取得成功,那就需要把自己的梦想付诸行动。

如果你混日子，
对不起，实际上你是混自己

时间拖得越久，你越会发现，你占着工作岗位，不仅妨碍了公司的发展，损害了公司的利益，也逐渐把自己的未来搭了进去。

时间要花费在有意义的事情上

1

一个背包客在旅途中路过一片树林,他看到地上散落着一些大大小小的白色石头。他随手捡起一块,发现上面写着"杜尔格哈维,活了7年5个月零2天"。背包客心头一颤,原来自己捡到了一块墓碑啊!这个孩子也太可怜了,才7岁就离开了人世。他接着又捡起了一块石头,上面写着"卡里扎费洛,活了5年4个月零9天"。他又继续捡起了好多块石头,发现上面最长的也只有11年而已。背包客感到无比震惊,也无比痛心。这些孩子的生命真是太短暂了,他忍不住啜泣起来。

这时,一位老人听到了背包客的哭声,便走过来询问背包客是怎么了。背包客问老人:"为什么这里有这么多的孩子早逝?这太令人难过了!"

老人闻言笑着说:"您别难过,这是我们这里的一个古老习俗,他们并不是孩子,也并非早逝。"老人继续解释说:"这个习俗是,当一个人成长到15岁时,他的父母就会给他一个本子,也正是从这一天开始,每当他去做有意义的事情,比如为了梦想而努力、比如帮助他人、比如获得了重要的人生感悟等,他会把做这些事情的持续时间都记在本子上,当他离去的那一天,我们就会把本子上记载着的他花费在有意义的事情上的时间统计出来,刻在石头上。"

背包客听完,恍然大悟。

这个故事的寓意很明确,时光荏苒,岁月更迭,四季交替,不论我们在做什么,时间总是一去不回头,可是,只有那些花费在做有意义的事情的时间,才是真正属于我们的时间。

2

心理学中有一个著名的定律,叫作"不值得定律"。心理学家对人在从事一种工作时的心理效应进行研究后发现,在正常情况下,如果一个人主观上认定某件事是不值得做的,那么在做这件事的时候,他就可能会松懈,不会全力以赴,即便很好地完成了,他也不会觉得有成就感。所以,人们通常会认为:"不值得做的事情,就不值得做好。"

但是,"这些不值得做好"的事情,也在占用我们宝贵的时间和资源。即便你采取敷衍的态度,也并不会减少在这些方面的消耗,相反,因为未尽全力,其结果往往也差强人意。那么，最好的解决方案就是，放弃那些你认为不值得做的事情，去做你认为最值得的事。

有着"高音C之王"之称的世界著名男高音歌唱家帕瓦罗蒂，他被公认为是声音最具自然美感的演唱家。他演唱的歌曲《我的太阳》在中国也是家喻户晓、广为人知。

其实，在成为男高音歌唱家之前，帕瓦罗蒂曾经做过小学教师。很多版本的故事都说他在演唱和教师之间难以抉择，最后还是在他父亲的启发下，他放弃了当教师而选择了歌唱。然而，实际情况却并非如此。

帕瓦罗蒂曾坦承，自己作为教师是非常不成功的。那段经历仿佛一场噩梦。"我无法在学生面前显示出自己的权威。"

他之所以没能做好小学教师的工作，是因为在当时的他看来，这份工作并不值得做好，小学教师这份职业并不是他理想中的未来。早在17岁开始，他便为了成为一名歌唱家而努力，他师从歌唱家阿力哥·波拉学习歌唱，为了吸引到经纪人的注意，他义务在各种音乐会上演唱。一直以来，成为一名歌唱家才是帕瓦罗蒂心中认为最值得的事情，而他最终主动放弃了小学老师的工作，也为的是能够更加专心致志地朝着梦想努力。

有趣的是，虽然帕瓦罗蒂自认为无法在小学生面前显示出自己的才能，然而多年以后，在英国海德公园举办的露天演唱会上，他却能让12万名观众在滂沱大雨中看完他的整场演出，其中还包括查尔斯王子和戴安娜王妃。

人的能力和可以调用的资源都是有限的，无论智商再高，能力再强，权力再大。把有限的能量和精力集中起来，做好最重要的事，才是一种明智的人生策略。

3

一位女作家受邀参加一场文学笔会，女作家衣着朴素，沉默寡言。她的身旁坐着一位来自匈牙利的年轻男作家。这位年轻的男作家并不知道女作家是谁，觉得她只不过是个十八线小作家，于是，有了一种居高临下的心态。

"请问小姐，你是一名职业作家吗？"

"是的，先生。"

"那么，你有什么大作发表吗？能否让我拜读一两部？"

"我只是写写小说而已，谈不上什么大作。"

男作家更加确信自己的判断了。他说："你也是写小说的？那我们算是同行了，我已经出版了339部小说，请问你出版了几部？"

"我只写了一部。"

男作家有些鄙夷地问："噢，你只写了一部小说。那能否告诉我这部小说叫什么名字？"

"《飘》。"女作家平静地说。狂妄自大的男作家顿时目瞪口呆，哑口无言。

案例中的女作家就是玛格丽特·米切尔，一生只出版了《飘》这部长篇巨著。她从1926年开始创作《飘》，10年之后，作品一经问世便引起了强烈的反响——它被译成18种文字，传遍全球，至今畅销不衰。《飘》在1937年获普利策奖。1939年它被拍成电影，该电影曾以《乱世佳人》的译名在我国上映。

而这则故事中那个自鸣得意的小作家连同他的几百篇小说恐怕早就淹没在呼啸而去的历史浪潮中，被冲得无影无踪了。

玛格丽特·米切尔的父亲曾经给予女儿这样的忠告："每一件事都要认真地做到最好。人生不一定要做很多事情，但是，至少要做好一件事情，因为质量远比数量来得重要。"

玛格丽特·米切尔听从了父亲的忠告，把人生的"一件事"做得彻底，做到了极致，做到了完美，取得了惊世的成就。

人的一生，会产生很多种欲望，或者叫梦想，你要在懂得选择的同时，学会放弃一些，如果你能够认真区分、筛选，最终做出你人生最重要的决定，从而专注于去实现这一个目标，那么，你的人生之路将会变得清晰而简单，你会加快自己成功的步伐，创造生命的奇迹。

拿两千元钱, 成就你一千万元的事业基础

1

小张毕业于一所985大学，研究生学历。刚刚转正三个月后的她发现，公司里数她学历最高，但薪水却是除了保洁以外拿得最低的。小张为此心里很不平衡。

于是，小张找到人事经理，说想提高月薪，不然自己很可能会跳槽。老总说，薪资待遇都是由财务跟人事部门经过具体分析测算的，并不是随随便便给出的，而且小张才刚刚转正三个月，进入公司的时间并不长，以后还有很多加薪的空间，眼下她好多地方还需要老员工指导，在她没给企业创造出效益之前，一个新人的待遇想高过老员工的待遇，不是太可能。

灰心丧气的小张，每天除完成其部门经理分派的任务外，就是坐在自己的工位上刷微博、刷朋友圈，"分外"的事情一样不做。

工作半年后，小张还是决定跳槽了。新东家对她的学历比较满意，但当得知她真正的跳槽原因后，不由得皱起了眉头，对小张说："十分抱歉，我们不能录用你，我们认为你太过急功近利，一个以薪水为个人奋斗目标的人是无法走出平庸的生活模式的，更不会拥有真正的成就感。尽管工资应该成为工作目的之一，但并不是唯一。"

以上的情景，年轻气盛的你是否觉得很熟悉？也许你和小张一样认为，我为企业工作，企业就应付我一份相应的报酬，等价交换，否则我怎么能体现自己的价值呢？因此，你的眼睛紧紧地盯住薪水，看不到工资以外的东西。

只为了薪水而工作的人，工作起来通常会斤斤计较，有些人甚至会采取一种应付的态度，能少做就少做，能不干就不干，能躲避就躲避，敷衍了事。他们只想对得起自己挣的工资，却从未想过是否对得起自己的前途，是否对得起家人和朋友的期待。

之所以出现这种状况，根本原因在于许多人对于薪水缺乏更深入的认知。许多人在追逐高薪水的过程中，放弃了太多比薪水更重要的东西，比如放弃了更适合展现自己天赋才能的平台,比如丧失了对工作本身的热爱……实在可惜。

生计当然是工作的一部分,但在工作中充分发挥自己的潜力,使自己的能力得到最大的发掘,这是比生计更可贵的。生命的价值不能仅仅是为了面包,还应该有更高的需求和动力,不要放松自己,要有比薪水更高远的目标。

2

王浩跟张睿毕业于同一所大学,机缘巧合下,两人毕业后同时进入了同一家企业。两年后,张睿已经被提升为销售经理,而王浩却还是一名普通的销售顾问。王浩觉得自己挺委屈,他想不通自己那么努力,为什么张睿平步青云而自己却在原地踏步。

又过去一年,张睿再次被提升为市场部总监。终于,王浩忍无可忍,向总经理递交了辞职信,并抱怨自己那么卖力工作,却得不到公司的重视。

总经理耐心地听着王浩的讲述,他了解王浩这个员工,王浩工作也算尽职尽责,但是在能力上他始终比别人欠缺些什么。总经理想到了一个主意,他说:"王浩,你马上到客户甲那儿去一下,看看今天他家茶油出货的价格行情怎么样。"

没过一会儿，他就从客户甲那儿回来了，并向总经理汇报说："茶油今天售价168元/瓶，客户甲反映近期加货稍微有点慢，我让他向公司客服报备一下。"

"客户甲那儿现在还有多少存货？"总经理问。

王浩连忙又跑去，回来后汇报说："应该还有100箱不到吧，我也不是太确定。"

"现在卖的情况如何？"

王浩又一拍脑袋："那我再去问问他吧。"

总经理望着气喘吁吁的王浩说："你还是休息一会儿吧，看看别人是怎么做的。"说完叫来了张睿："你马上到客户乙那儿去一下。看看他今天茶油出货的价格行情怎么样。"

张睿很快便考察归来，他汇报道："茶油今天售价168元/瓶，存货还有52箱，客户乙近期出货量明显加大，考虑到马上会进入销售旺季，已经给客户乙量身定做了一个批销方案。"

同时他还了解到客户乙现在正打算做一个市场促销活动。他看了活动方案，给客户乙提了一些具体操作的意见。现在把客户乙的方案也拿回来了，请总经理有空时可以看一下。

听着张睿详细、周密地汇报工作，之前一直心有怨言的王浩变得哑口无言。

企业支付给你的工资也许是微薄的,没有达到你的期望,但你可以在工作中令微薄的工资增值,那就是宝贵的阅历、丰富的工作经验、能力的提高和品行的锻造。这些都是无法用薪水高低来衡量的,更不是简单地用金钱就能买到的。

有的人感叹自己一辈子注定只能拿死薪水,发展的前途渺茫。其实这时不妨扪心自问一下:"我对待自己的工作是否完全尽心尽力了?""我是否对自己工作中的每个细节都了若指掌?""是否可以找到更好的工作方法?""我是否为企业创造了更多的价值?"……

如果对这些问题无法做出肯定的回答,那就说明我们做得还不够好,也就不必困惑为什么自己比他人努力,却长期得不到升职加薪。

3

薪酬是企业对员工所做的贡献——包括实现的绩效,付出的努力、时间、学识、技能、经验与创造所赋予的相应回报与答谢。但是薪水仅仅是员工工作报酬的一部分,除了薪水,工作给予员工的报酬还有珍贵的经验、广阔的平台、良好的训练、才能的表现和品格的培养。

一些心理学家发现,金钱在达到某种程度之后就不再诱人了。即使你还没有达到那种境界，但如果你忠于自我的话，就会发现金钱只不过是许多种报酬中的一种。试着请教那些事业成功的人士，他们在没有优厚的金钱回报下，是否还继续从事自己的工作？大部分人的回答都是："绝对是！我不会有丝毫改变，因为我热爱自己的工作。"

想要攀上事业巅峰，最明智的方法就是遵从自己的初心，选择自己所热爱的工作。当你愿意为工作投入满满的热情与不懈的斗志，金钱和职位自然会尾随而至。你不仅能够获得更丰厚的酬劳，甚至可以在行业内建立自己的声望，扮演举足轻重的角色。

不要为薪水而工作，因为薪水只是工作的一种报偿方式，虽然是最直接的一种，但也是最短视的。不要只把眼光放在薪水高低上，而应珍视工作本身给你创造的价值。要知道，只有你自己才能赋予自己终身受益无穷的财富。

哪个公司没问题？谁的上司完美无缺？

1

王岩大学毕业后,凭着自己在学校的优异成绩,进入了一家合资企业工作。雄心勃勃的他准备大干一场,计划在3年内升为公司部门经理。

公司提倡民主,提倡基层员工与管理层平等对话和沟通,他对此非常认同。他会常常向部门领导提一些意见,而领导也的确是一副谦虚好学的态度,非常耐心地倾听。可是之后,王岩很少看到自己的意见落地,因为长期得不到实际反馈,他认为领导虽然表现得虚心接受,实则是妒贤嫉能。

于是,王岩开始逢人便发牢骚,吐槽领导的各种不是。时间一长,他的工作满意度开始下降,工作中时常出现一些低级错误,遭到领导的多次批评。不久,公司解聘了他。

此处不留爷自有留爷处,王岩自我安慰。也许换一个工作环境自己便能迎来出头之日,不久,他进入一家外资公司。可没过多久,他发现这家公司的管理跟以前那家更不能比，日常运作存在太多问题。一时间爱抱怨的毛病又犯了，为此，还跟顶头上司发生了多次争执。

这次他不等被解聘，就主动提交了辞呈。

就这样，短短5年时间，王岩换了近10份工作，每次都是发现新公司的一大堆毛病后，抱怨越来越多，当初的职场规划成了竹篮打水一场空。

是什么扼杀了王岩的晋升梦想？是抱怨。

哪个公司不存在问题呢？哪个上司是完美无缺的呢？爱抱怨的员工随时随地都能找到抱怨的理由，可是他们从中得到了什么呢？什么都没有得到，还白白赔上了职业发展的宝贵机会。

凡事都具有两面性，工作也一样，如同玫瑰，不仅有美丽的花朵，还有扎人的刺。我们在收获工作的回报与成就感时，也应该理性地接受其中的不完美。

工作中会有我们喜欢的部分，比如薪水与成长，也会有我们不是很喜欢的部分，比如挫折与瓶颈。无论喜乐还是悲伤，无论激情高涨还是波澜不惊，所有这些因素构成了我们工作这个整体，你要能享受美好，也要能承受糟糕。

2

　　每天在工作过程中, 难免会受委屈。曾经有人做过一个绝妙的比喻: 企业好比是一棵大树, 树上攀满了猴子。站在树上, 左右看都是耳目, 往下看都是猴子的笑脸, 往上看都是猴子屁股。若是想少看见屁股、多看见笑脸, 唯有多往高处攀升。然而, 正如树权的分布一样, 在企业内, 越到高处, 可供盘踞的位置就越少。因此我们中的绝大多数人, 也许一辈子只能是仰起笑脸看上头的屁股; 碰到待人严苛或脾气急躁的老板, 更不免要经常挨骂受气。

　　当这些负能量向我们狂轰滥炸时, 我们应该如何面对? 很显然, 抱怨绝不是正确应对之道, 它只会让自己的工作状态走向持续恶化。不过, 有一些年轻气盛的朋友, 在工作单位受了一点点委屈, 就想不开、闹情绪, 最终干脆撂挑子, 甩膀子, 辞职走人。这种做法非常不可取。

　　如果因为工作失当或绩效不彰, 受到上司和同事的批评或者讽刺, 对谁都是痛苦和可怕的体验。纵然如此, 我们也不应将不满的情绪写在脸上, 在工作时表现得牢骚满腹。此时, 不妨先让自己平静下来, 认真思索几个问题: 自己为什么要抱怨? 抱怨有意义吗? 是不是可以不抱怨? 不抱怨会换来什么? 把这几个问题弄明白, 或许, 你的负面情绪就自然而然地消除了。

3

杰克是美国联合保险公司的一名推销员。他认为自己具有推销的天赋,梦想成为一名明星推销员。

由于学历低、经验不足,在杰克刚进入保险公司的时候,他常常受到同事的冷嘲热讽和排挤。经常有一些快要到手的好任务,被同事捷足先登或者半道截胡。对此,他并没有过多计较和抱怨。相反,为了快速积累经验,锻炼自己,他甘愿接受那些别人不愿意接受的任务。

在一个寒冷的冬天,上司要划分大家的推销区域。同事们都希望分得市区内的区域。这样一来有利于开展推销工作;二来下班后可以早点回家休息。最终结果,由杰克负责那些距离远、人口少的区域。杰克毫无怨言,立即启程,尽管他心里也明白,之前还没有人在那个区域成功推销过。

杰克并不服输,他在心里对自己说:“你们等着瞧吧,我一定要售出比你们售出总和还多的保险单!我一定会成为明星推销员的!”在这种心态的鼓舞下,杰克挨家挨户地拜访了每一位潜在客户。最终,他售出了86张保险单。这是一项十分了不起的成绩,而这个成绩也不断激励着他,让他最终成为真正的明星推销员。

杰克的经历告诉我们,每个人在工作中都可能会遭受这样那样的挫折、难题、挑战,也或多或少地会遭到排挤甚至诋毁,但是若想要达成心中理想,就不能怨天尤人,更不能消沉萎靡、自暴自弃,而是应该无惧挑战,迎难而上,积极、正面地去处理问题。这样才能把握住每一次机会。

国内一位知名的企业家曾经对员工做过这样一段演讲:在荆棘满布的道路尽头,等待你的会是开满鲜花的家园。你们要相信,无论你现在身处顺境之中,还是正遭遇逆境,都是对自己最宝贵的磨砺和考验。不要患得患失,要心存喜乐,高效工作。逐渐,当你的品质与业绩被公司发现、被公司肯定的时候,也便是你冲破藩篱、拥抱成功的时刻。

一个能够坦然面对挫折与委屈的人,一定能顶住工作中的压力,在职场上取得卓越的成就。他们也许不是天生的强者,却是具备优良品质的佼佼者。他们懂得适应、懂得调整,他们不抱怨、不懈怠,他们为自己的未来而工作,为自己争取每一个可以成功的机遇。

先有职业价值观，再有职业选择

1

美国有个男孩，酷爱摄影。在他12岁的时候，便成了家中的"专业摄影师"。他用8厘米摄影机记录家人的生活，在发现其中的乐趣之后，在家人的配合下，他开始进行故事情节编排，并自己搞起了剪辑与配音。

15岁那年，他立志将来要成为一名大导演。那一年，他完成了一部40分钟的作品——《无处可逃》，来纪念自己理想的树立。

17岁那年，他开始为自己的理想正式铺路。在参观了一家电影制片厂之后，他给自己设定了新的目标：拍出最好看的电影。第二天，他特意穿了一身西装，拎着父亲的公文包，再次来到了电影制片厂。在成功地进入制片厂后，他在一辆废弃的手推车上，用塑胶字母，拼出了"史蒂芬·斯皮尔伯格导演"的字样。

之后，但凡有闲暇时间，他便会找机会去认识各类导演、编剧，他严格地用一个导演的标准来要求自己。通过与这些导演、编剧的接触，他对电影业也有了越来越明晰的认识。

20岁那年，他正式成为一名真正意义上的电影导演，开始了自己作为导演的职业生涯。

1975年，由他导演的作品《大白鲨》正式上映。之后，《第三类接触》《ET》的出现，让他一跃成为全球知名的电影导演。

1993年，他的作品《侏罗纪公园》《辛德勒名单》囊括了奥斯卡最佳影片、最佳导演等九项大奖。

1999年，他再次凭借电影《拯救大兵瑞恩》获得第71届奥斯卡最佳导演等多项大奖。

2009年，获得第66届美国电影电视金球奖终身成就奖。

2013年，《时代》杂志将他列入世纪一百位最重要的人物的一员。

2018年，他荣获了2018帝国电影奖终身成就奖。

他便是享誉全球的知名导演——史蒂芬·斯皮尔伯格。

2

人在职场就如同船行于大海一般，需要有一个明确的路径与方向。一旦迷失航向，人将在浑浑噩噩的奋斗中感到疲惫不堪。如果方向明确，便可以整合所有的精力与能量，运用各种方法与手段,全力以赴地去实现既定目标。

职业规划正是要帮助我们运用科学的方法、切实可行的措施,开发个人潜能,发挥个人专长,克服职业生涯发展困阻,避免人生陷阱,不断修正前进的方向,最后获得事业的成功。职业规划会使人形成心理上的"路径依赖":物理学上有个概念叫"惯性",比如说一辆正在路上行驶的汽车,如果遇到突发情况紧急刹车,通常会在惯性的作用下继续前进,之后才会慢慢完全静止。所谓"路径依赖",一旦进入了某一路径中,便会对该路径产生依赖。职场同样如此,一旦你做出重要而正确的抉择,明确了自己的奋斗方向,那么,惯性的力量会让你的自我选择不断强化,成为你登上金字塔顶端的助推剂。

然而,现实中,许多人在面临职业规划时,都显得迷茫无助、不知所措。一来他们根本没有意识到职业规划的重要性;二来他们不明白自己到底想要什么。在关乎未来命运的职业选择上,他们花费的精力还不如去商场购买一件当季流行服饰多。

职业生涯规划中,我们经常会面临这些选择:是追求工作舒适轻松,还是高标准严要求下的工资待遇;是要成就一番惊天动地的事业,还是要岁月静好现世安稳。当心中诉求遇到矛盾冲突时,最终影响我们决策的是存在于内心的职业价值观。

3

三个工人正在砌一堵墙。有人过来问他们:"你们在干什么呢?"

第一个人牢骚满腹地说:"没看见吗?在砌墙。"

第二个人抬头笑了笑,说:"我们在盖一座高楼。"

第三个人边干边哼着歌曲,他的笑容很灿烂,他开心地说:"我们正在建设一个新的城市。"

十年后,第一个人在另一个工地砌墙;第二个人坐在办公室里绘图纸,他成了工程师;第三个人呢,是前面两个人的老板。

上面的案例告诉我们,同样的工作,同样的环境,因为价值观不同,所以三个人产生了不同的感受,这也造就了他们三个不同的未来。往深处说,它告诉我们,一定要找到与自己价值观相契合的职业,那样你才能在工作中寄予自己的理想,从中实现自己的人生价值。

现实生活中,许多人都面临着两难困境:我们所从事的职业收入丰厚,但是我们却并不认可自己所贩卖的产品或者讨厌自己所提供的服务。这种人生价值和工作价值的冲突,使我们的身心和职业生涯都受到了伤害。唯一的解

决方式就是寻找一种职业,让它与你所拥有的价值观相互
协调。如同公司需要长远发展战略一样,个人也需要目光
远大,以便使我们的未来能够保持平衡,拥有足够的活力。

职业价值观也叫工作价值观,是价值观在所从事的职
业上的体现,或者在职业生涯中表现出来的一种价值取向。
职业价值观是个人对某项职业的价值判断和希望从事某项
职业的态度倾向,即个人对某项职业的希望、愿望和向往。

职业价值观表明了一个人通过工作所要追求的理想
是什么,是为了财富,还是为了地位或其他因素。不同的人
有不同的价值观念,而不同的价值观念适合从事不同的职
业或岗位。如果在制定职业生涯规划选择职业时,没有考
虑自己的价值观念,选择了不适合自己的职业,也就很难
在这个岗位上工作下去, 当然也就谈不上事业发展的成
功。因此,认真分析和了解个人的职业价值观,对正确开展
职业生涯规划有重要的意义。

张驰在一家国内知名的大公司担任主管一职,年薪百
万元。可是后来他却毅然离职。他对于在公司里整日疲于
应付、平衡各种人际关系感到身心俱疲,虽然待遇丰厚,但
是他觉得丧失了奋斗激情, 心间总是萦绕着一种挫败感。
因此,这份在别人看来光鲜体面又收益不低的工作,于他
却变得毫无意义,最终他选择了离开,自己创业。

当选择工作时，你实际上是在选择一种价值体系，在选择处理人际关系的方式和生活方式。

当你的工作恰好符合你的价值观，那么，你会感觉自己所做的工作很有意义，它会让你斗志满满。相反，你会感到自己在浪费时间、浪费生命，会产生强烈的失落感。这种失落感通常是金钱、名誉、权力等身外之物所无法弥补的。

不同时代、不同制度甚至不同的自然条件下人们都会形成不同的职业价值观，即使以上条件相同，不同的人也会因为各自的成长环境、教育背景、个性追求等差异而形成不同的职业价值观。作为人们对职业的一种信念和态度，职业价值观往往决定了人们的职业期望，影响着人们对职业方向和目标的选择。

4

你在确定职业方向时，可以进行以下测试。

请试着把下面6组进行排序，这可以帮你了解如何利用价值标准中的观点，对职业的具体内容及要求进行分析。

成功

如果你的职业满足感来自"成功"这个价值，那么你所从事的工作应该是你最擅长的，能让你发挥最大的能力，或者是你曾经接受过专业培训所要做的。在你的工作中，你会看到自己努力的成果。通过频繁开发新项目、得到新奖励，你会从中感受到成功的喜悦。

职业范例：生物学家、药剂师、律师、主编、经济学家、公务员等。

认同

如果你的职业满足感来自"认同"这个价值，那么你应该寻找那些有好的提升机会、好的声望，并且有潜在的成为领导的机会的工作。

职业范例：大学行政人员、销售经理、音乐指挥、制片人、劳动关系专家、飞机调度员、技术指导等。

独立

如果你的职业满足感来自"独立"这个价值，那么你应该寻找的是那种靠你的主动性去完成的、能让你自己做主的工作。

职业范例：政治学家、作家、有毒物质研究专家、IT经理、教育协调员、教练等。

支持

如果你的职业满足感来自"支持"这个价值，那么你要寻找的工作应该是那种成为员工的有力后盾的公司,其主管的管理方式会让员工觉得很舒服。那种公司应该以其令人满意的公平的管理体制而著称。

职业范例:保险代理人、测量技师、变压器修理工、化学工程技师、公益事业经理、防辐射专家等。

工作条件

如果你的职业满足感来自"工作条件"这个价值,那么在找工作的时候,你应该考虑薪水、工作稳定性,以及良好的工作环境。另外,找工作的时候还要考虑它是否与你的工作模式相适合。比如,你是喜欢整天忙碌,还是喜欢独立工作,又或者喜欢每天都可以做很多不同的事情。

职业范例:保险精算师、按摩师、打字员、心理辅导师、法官、会计师、预算分析员。

人际关系

如果你的满足感来自"人际关系"这个价值,那么你应该寻找那种同事很友好的工作。这种工作能让你为别人提供服务,不需要你做任何违背你的是非观的事情。

职业范例:人力资源经理、语言教师、牙科医生、牙齿矫正医师、公共健康教师、运动培训师。

你是研究生，但你更是职业人

1

一家著名房地产集团的公司老总讲了这样一件事：

一天，他发现一位刚入职的女员工躲在楼梯口哭，于是便走过去问她怎么了。一开始，她并不打算说。经过再三的引导，她终于说出了实情。

原来，这是她研究生毕业后的第一份工作。可是，让她万万没想到的是，自己上班后的第一项任务，就是跟同事一起到周边小区挨家挨户发传单，宣传公司新推出的楼盘。

这位女员工感觉非常委屈。自己读了这么多年书，好不容易研究生毕业，没想到却要去做发传单的工作。实在是太丢人了，可是这是领导布置的任务，又不能不去，所以才躲在楼梯口哭。

说到这件事情的时候，这位老总不由得感慨："这些工作本来是想聘请一些在校大学生去做的，但因为项目很急，加上又是学校放假的时间，一时招不到人，所以才让大家去做这项工作。但是，别说她一个刚毕业的研究生，就算我们这些老总，只要公司有需要，我们照样会去发传单。为公司的发展、为团队的和谐，就算做再小的事，也不丢脸！"

这位老总最后发出的感慨，其实说的就是"职业素养"。有高学历，自以为能力突出，可是，我们连最基本的小事都做不好，怎么能承担更重要的事情？老板怎么可能给你升职，怎么可能给你涨薪？

2

刘亚婷在北京一家物流公司担任秘书。有一天快下班时，她接到了一个电话。原来是公司的一个客户来北京出差，想来拜访一下公司老总。但是这个客户并不知道来公司的路线，客户想乘公交过来。可是刘亚婷一时也说不上来公交路线该如何走，可是她又不好意思跟客户说自己不知道，最后，她干脆建议："我们公司的位置不太好找，有点偏，我建议您还是直接打车过来吧！"客户听了之后没说什么，就把电话挂了。

客户在跟公司老总见面后，说起了这件事。待客人走后，老总把刘亚婷叫到办公室，委婉地跟她说："作为秘书，熟悉到公司来的路线是你必须要掌握的常识，客户提出想坐公交车来肯定有他的原因，你要多站在对方的角度想，这种错误以后不要再犯了。"

　　刘亚婷听完老总的训告,觉得自己非常委屈:"北京那么多条公交线路,我怎么能全部记住?"这时老总对她说了这样一番话:"我并没有让你记住所有的线路,但作为秘书,你起码应该记住到我们公司都有哪几条线路,这并不难。即便你一时忘记,也应该及时去帮客户查找,而不是把难题丢给客户。更重要的是,通过这件事,你需要知道一个好秘书要具备的思维方式,需要在哪些方面下功夫。如果我让你帮我安排行程,作为秘书,你也应该对路线了如指掌,知道走哪条路距离最短,哪条路时间最快,哪个路口容易堵车,这样,你才可以做出最合理的安排。"

　　看上去,这是一件小得不能再小的事情,但它反映出来的问题却很普遍:很多人是在工作,但却连自己该做哪些事情这最基本的问题都没搞懂。

　　很多时候,领导不可能把每件事情都给你交代清楚,该做什么,更多的时候,需要自己去琢磨,要根据工作的实际需要去学习,去提升。

　　每个人都想当"非常人",希望自己与众不同,受到格外的重视。有这样的愿望并没有什么不好,但不能省略成功的必要步骤,需要一步步来,练好基本功,甚至从最基本的"常识课"补起。

3

李洁毕业后来到一家杂志社工作。临近年终, 编辑部主任交代她写一份年终总结, 要交给社长。交代完任务后, 主任就出差了。李洁写好年终总结后, 看主任还没回来, 心想: 既然我都写好了, 不如直接交给社长吧。没想到等主任回来后, 反而受到主任一通批评。

主任问她: "你的年终总结写好了吗? "

李洁得意地回答: "早写好了, 已经交给社长了。"

"什么? 已经交了? 给我看看底稿。"主任的脸色有了些许变化。

看完底稿后, 主任劈头盖脸地批了她一顿, 说: "你怎么能直接交给社长呢? 你刚进杂志社, 对单位很多情况还不够了解, 你知不知道, 你报告中的一些数字和提议都是不对的。"因为这份报告, 主任也连带挨了批评。这件事给了李洁很大的教训, 也让她意识到及时沟通汇报的重要性。

其实, 很多初入职场的新人都会犯跟李洁同样的错误, 做事前不考虑后果, 只凭感觉做事。然而, 擅作主张的结果往往是带来很大的麻烦, 甚至造成不必要的损失。

　　职场有上下级、有团队、有绩效的要求,有人际关系的复杂性,不能想说什么就说什么,怎么高兴怎么来,而是一言一行都必须符合所在位置的角色。比如,随意打断领导的讲话、接领导电话时语气生硬、完成任务后不给领导任何反馈等,这些做法显然不合适。

　　有职场素养的人在接到领导电话后会说:"好的,我清楚了,谢谢。"然后等待对方把电话先挂掉自己再放下电话;事情做了之后,不管结果如何,都会以电话、短信或者邮件的方式尽快给对方一个回复。

　　再比如,有的人请假:"经理,我今天请假一天,家里有点事情要处理。"单从语气上听,都不知道到底谁才是领导!而懂得自己角色的人,会换一种方式说:"经理,非常抱歉,我知道最近工作挺忙的,但我今天有点急事,想跟您请一天假,您看行吗?耽误的工作,我会尽量用下班后的时间补回来。"

　　两种方式一对比,感觉是不是完全不一样?

　　从上班的第一天开始,就要培养自己的职场意识,经常要提醒自己:我已经不再是学生了,而是一个职业人了,说话做事都要符合一个职业人的要求和标准。

NO.3

不要让明天辛苦奔波的你，
怪罪今天虚度时光的自己

　　太多人在一边流着口水羡慕别人功成名就光彩夺目，一边给自己找借口拖延松垮不思进取。没有一个人随随便便就能成功。对自己狠一点，离成功就会近一点。

唯有努力，不负光阴

1

一位富翁刚刚换了一栋豪宅。自从他搬家住进去的那天，每天傍晚下班回来，他总能看到一个人快速地从他的花园里搬走一只箱子，然后装上卡车就走了。可是当他回家清点贵重物品后，又发现什么都没少。

他想把那个人叫住，可是那个人走得很快。这一天他终于决定开车跟着卡车，一探究竟。最终，在城郊的峡谷旁，卡车停了下来。那个人下车把箱子卸下来然后毫不犹豫地扔进了峡谷。富翁见状赶忙下车，他往峡谷探视了一下，发现峡谷里已经堆满了箱子，并且这些箱子的规格款式都差不多。

富翁赶紧走过去问那个人："我多次看见你从我家扛走一只箱子，箱子里装的到底是什么？这一堆箱子又是干什么用的？"

那个人将富翁上下打量了一番："这些箱子都是你虚度的日子，你家里还有很多呢！"

"我虚度的日子？"富翁不解地问。

"是的，这些都是你浪费掉的大好时光。你曾经无比期待未来，热爱美好，可是，当它们逐渐向你走来的时候，你又干了些什么呢？你过来瞧瞧这些箱子……"

富豪走过来，顺手打开了一个箱子，神奇的景象出现了：

箱子里有一条暮秋时节的道路，他的未婚妻在铺满金黄落叶的道路上慢慢走着。

他接着打开第二个箱子，里面是一间病房，他的弟弟正躺在病床上呻吟着等他回去。

他又打开第三只箱子，原来是他原来的那所老房子。他那条忠实的狗卧在栅栏门口眼巴巴地望着门外，已经等了他两年，骨瘦如柴。

富豪感到心口绞疼起来。陌生人像审判官一样，一动不动地站在一旁。富豪痛苦地说："先生，请你让我取回这三只箱子，我求求您。无论多少钱，我有很多钱，您要多少都行。"

陌生人做了个无力回天的手势，意思是说："太迟了，无法挽回了。"说罢，那人和箱子一起消失了。

时间弥足珍贵，我们不能绝对地延长寿命，但可以通过善用时间的好习惯，来相对地将生命延长。这样就等于增加了生活的"密度"，扩充了有限的生命内涵。

如果我们用心地去审视下四周，我们不难发现，我们中的大多数人都正过着超负荷的生活。我们每天尽心尽力地工作，努力提高业绩。但每当下班我们拎着公文包、拖着疲惫的身躯回到家里的时候，躺在沙发上，回想这即将过去的一天，我们或许会在脑海里浮现出这样的想法："今天我到底做什么了？我好像什么事情都没做啊……"

这究竟是为什么？原因很简单：我们往往会在过度的忙碌中忽略了最重要的事。这就是所谓的"时间陷阱"！

2

汤姆在一所大学旁边开了家小书店，他是一个非常珍惜时间的人。

一次，有一位年轻人来买书，他左挑右选后，拿起一本书问店员："请问，这本书多少钱？"

店员看看书的标价说："3.5美元。"

"太夸张了吧，这么薄的一本书竟然要3.5美元？"那位年轻人惊呼起来，"打个折吧，3美元如何？"

"对不起，先生，这本书不打折的。"店员回答。

年轻人拿着书爱不释手，可还是觉得价格有点贵，于是问道："请问汤姆老板在吗？"

"在，他在后面的小仓库里整理图书呢，你有什么事吗？"店员不解地看着那个年轻人。

年轻人说："我想见一见汤姆老板。"

在年轻人的坚持下，店员只好把汤姆叫了出来。年轻人见到汤姆后再次问道："汤姆老板，这本书最多多少钱可以卖给我？"

"4美元。"汤姆毫不犹豫地回答。

"你说什么？4美元！这本书的定价才3.5美元。"年轻人感到非常诧异。

"你说的没错，定价确实是3.5美元，但是你耽误了我的时间，这个损失远远大于0.5美元。"汤姆斩钉截铁地说。

年轻人脸上略显尴尬。为了尽快结束这场谈话，他再次问道："好吧，那么你现在最后一次告诉我这本书的最低价格吧。"

"4.5美元。"汤姆面不改色地回答。

"天哪！你这简直就是坐地起价啊，刚刚你才说的4美元。"

"是的，"汤姆依旧保持着冷静的表情，"刚才你只是耽误了我一点时间，而现在你耽误了我更多的时间。因此我被耽误的工作价值也在增加，远远不止1美元。"

那位年轻人再也说不出话来，他默默地掏出了4美元放在柜台上，拿起书快步离开了书店。

"下次来买书，如果你不这么耽误时间的话，我会考虑把1美元还给你！"汤姆对着年轻人的背影笑着喊道。

汤姆既把书卖了出去,同时给我们上了一课,就是"时间财富"。一个人的成就取决于他的行动,而一个人的行动和他支配时间的能力是成正比的。如同巴尔扎克所说:"时间是人所拥有的全部财富,因为任何财富都是时间与行动化合之后的成果。"

3

法国著名科普作家凡尔纳,每天的写作时间是从早上5点到晚上8点。在这长达15个小时的写作时间中,他通常只在吃饭时休息片刻。但是他很少与家人坐在一起吃饭,通常都是妻子把饭送到他写作的地方,而凡尔纳总是以最快的速度填饱肚子,擦擦嘴后,就接着奋笔疾书。

他的妻子看他如此辛苦,心疼地劝慰他:"你都写了那么多书了,为什么还这么拼?"凡尔纳笑着说:"莎士比亚说过,放弃时间的人,时间也放弃他。我可不想被时间放弃啊！"

在40多年的写作生涯中,凡尔纳记了上万册笔记,写了104部科幻小说,共有七八百万字,这是一个相当惊人的数字！一些读者悄悄询问凡尔纳的妻子,想探究凡尔纳取得如此惊人成就的秘诀。凡尔纳的妻子坦然地说："凡尔纳的秘密就是，他从来不浪费时间。"

富兰克林，美国著名的科学家，《独立宣言》的起草人之一。曾经有人问他："您怎么有时间干这么多事情？"

富兰克林笑笑说："给你看看我的时间表，你就知道了。"

5点起床，规划一天的事务，并自问："我这一天要做好什么事？"

8点至11点，14点至17点，工作。

12点至13点，阅读、吃午饭。

18点至21点，吃晚饭、谈话、娱乐、回顾一天的工作，并自问："我今天做好了什么事？"

朋友劝富兰克林说："天天如此，是不是过于……"

"你热爱生命吗？"富兰克林摆摆手，打断了朋友的谈话，"那么，别浪费时间，因为时间是组成生命的材料。"

任何事物都无法抗拒可以吞噬一切的时间。在这个世界上，你真正拥有，而且最需要的只有时间。许多人明知道时间的重要性，却依然日复一日花费大量的时间去做那些没有意义、没有价值的事情。

我们蜷在沙发上，拿着遥控器没有目的性地切换台，不管那些电视节目是否无聊；我们会忘记打扫卫生，会随口吃上一口并不健康的晚餐，然后拿起手机翻翻微博、刷刷朋友圈，任凭那些无用讯息占据我们宝贵的时间；我们也常常会扪心自问或者突然反省：哎！我现在就是在浪费时间啊！我现在就是在虚度人生啊！但是这种反省往往只有一刹那，回过头来，我们依然如此。

损失的财富可以通过厉兵秣马、东山再起而赚回；遗忘的知识可以通过卧薪尝胆、勤奋努力而复归；丢失的健康可以通过合理的饮食和医疗保健来改善；而唯有我们的时间，一旦流失，将永远无法追寻。

人之所以会浪费时间，就在于他们没有想到自己是时间的主人，没有养成善于利用时间的好习惯。而这种习惯是一个人做人、做事、做学问的根本。但你若没有这一良好的习惯，经常消耗生命，那等你幡然醒悟的时候，一切都将追悔莫及。

唯有努力，才不负光阴！

没有危机,就会迎来杀机

1

刘安瑞在成功进入一家大公司后,稳定的收入和公司人性化的工作环境让他逐渐变得不思进取,他的业绩也变成了全公司所以销售员中最差的。突然有一天,公司爆出裁员的消息,几乎所有人都认定了刘安瑞会成为第一个被裁掉的员工。

刘安瑞沮丧地走在回家的路上。一路上,他都在默默地想:我真的会被裁掉吗?如果真的没有了这份工作,那么我接下来的生活该怎么办?我绝对不能被裁掉!而后,刘安瑞仔细分析了自己业绩最差的原因,终于揪出了"安逸"这个最大的敌人。他坚定地告诉自己:"我要相信自己,我一定不会失去这份工作,过去的安逸让我失去了斗志,而现在我要重新将斗志点燃!"

他重新换了一个利落的发型,精神百倍地投入到了工作当中。他的销售业绩稳步提升。一年后,他在公司的业绩竟然从排名最后跻身前几名。两年后,他成了销售部门业绩最佳的推销员。

年度大会上，董事长让刘安瑞讲讲自己成功的秘密时，刘安瑞说："我的改变要归功于那个裁员传言，当时，我意识到自己已经陷入了困境，我特别害怕，于是下决心改变。就是那个危机，让我成就了今天的自己。"

2

孟子说："生于忧患，死于安乐。"对于在工作上享受安乐的人们，有一句流传非常广的话："今天工作不努力，明天努力找工作。"

心理学家指出，每个人的潜能都是无限的。是"安逸"阻碍了人们潜能的发挥。人本身有很多缺点，安逸的生活让这些缺点肆无忌惮地表现出来。当我们不愁衣食，就不会奋斗，懒惰滋生；当我们没有生活的压力，就不会思考，脑力就会变得迟钝……

贪图安逸是美好未来最大的敌人，没有危机就会迎来杀机。一个人要想保持斗志，就要不断给自己压力，让自己从安逸的状态中解脱出来。

彼得·巴菲特在很多人眼中是含着金钥匙长大的"股神之子"。他的人生起点是许多人穷极一生都无法抵达的。但是彼得·巴菲特并不这么认为，他曾说自己能拥有现在的一切，是因为自己放弃了安逸优渥的生活，而选择了一条从头奋斗之路。

他说："大学毕业后，我也面临着谋生，我要为电台的商业广告谱曲，我不仅要还房贷，就连音乐设备也是贷款买的，那时我就明白，我必须要过一种完全独立的生活，我的人生得由我自己来规划。"彼得的"股神"老爸也曾说过："彼得的人生全凭他自己打造。"

彼得·巴菲特无疑是世界上"最有名的富二代"。他说："如果'富二代'不理解自己的幸运所在，也不想因此而回报这个世界，这对他个人和世界而言，都是一种悲哀。同样，如果'富二代'只关注外在的幸福如豪宅、高档汽车、巨额财富，他们将无法理解真正的自我价值所在，也无法以有意义的方式，给世界留下光辉的一笔。"

在彼得·巴菲特的脸上，人们根本看不见出身富贵的自豪。他和普通的追梦人并没有什么不同：表情中充满自信，凭借着自己的热情和不懈的努力，一步一步地实现自己的人生规划！

像彼得·巴菲特这样把自己从安逸中解脱出来的富二代极其少数，但恰恰因为这样，他才取得了如此非凡的成就。通过自己的努力，他成为一名作曲家和音乐人。他曾为奥斯卡获奖影片《与狼共舞》配插曲，后来又争取到为电视连续短剧《500国家》配乐的机会，并因此获得了艾美奖。

　　安逸让人丧失斗志，没有危机意识是最大的危机。很多人都拥有梦想，然而，在实现梦想的时候，先为自己想好了退路。这种心态注定无法取得成功，走出安逸，切断后路，才能将自己的潜能发挥到极致。

　　有时候，不逼自己一把，你永远不知道自己究竟有多大的能量。

3

　　越来越多的年轻人为了梦想而离家远行，南下北上寻找人生方向，于是有了"北漂"，有了"广漂"。每一个漂泊者，都在熟悉又陌生的都市里，演绎着自己的故事：或充满荣光，或饱含辛酸，或平平淡淡。但无论结局如何，他们都很少后悔自己的选择。

　　天天宅在家里打游戏、上网聊天，或者守着一份撑不着饿不死的工作享受安逸，不如趁年轻出去闯一闯。人生最痛苦的就是后悔当年不曾为了梦想而颠沛流离、勇敢闯荡，最遗憾的便是不曾为了未来砥砺前行、放手一搏。年轻，最需要的就是一个人过一段沉默而执着的日子，沉浸在充满力量的奋斗和努力中。把眼前的苟且，活成将来的热血。

很多人都喜欢讨论比尔·盖茨、乔布斯等人的成功之道，抛开技术层面和营销方面不谈，从本质上说，他们两个都是不安分的人，都曾趁着年轻出来闯荡社会，"想给这个世界带来点新的东西"，因此他们才会在尚未兴起的个人电脑事业上做出成绩。一个循规蹈矩、"安分守己"的人，永远不会为冒险付出任何代价。

我们应该知道，风险与机遇并存，机遇与风险同在。年轻时，如果总是躲在风平浪静的港湾，永远也不会遇到好机遇。生活中，有很多人生活悠闲，陶醉于安逸之中，逐渐变得好吃懒做、游手好闲、碌碌无为。他们觉得努力工作并非当前的主要任务，因为生活已经足够好了，没有必要让自己活得那么辛苦。这种心态是取得成就的最大障碍，归根结底，是安逸的生活毁了他们的未来。

马化腾在参加首届"广东省全国名牌颁奖典礼暨百年粤商·时空对话论坛"时说过这样一句话："坐票太安逸了，这会让人失去斗志、失去激情，我愿意全程站着，保持站着的姿势！"

满足于平庸生活的人是可悲的，当一个人安于现状、不思进取时，说明他已经开始退化了。敢闯敢干的人总会发现甚至创造出一些新鲜的事物。他们敢于想别人所不敢想，做别人所未做，敢为天下先，他们才是真正推动社会进步、促进时代发展的人。

　　一边是舒适悠闲的诱惑，一边是困难重重的挑战，你会在危机中突围、爆发，还是在安逸中堕落、沉沦？

比情商更重要的，是你的学习能力

1

　　刘飞毕业于南京某重点大学的计算机系，由于他在校成绩优异，很快就在一家制药公司谋得了职位——信息主管。是一个与高管职务相对应，但权力较小的职位。

　　在制药公司，刘飞过上了一段安逸惬意的日子。由于那时计算机的应用并不深入，刘飞的工作除了简单的监测系统和效率低下的数据库之外，也就是维护公司的电脑和网络。

　　刘飞是整个公司计算机水平最高的人，常有同事和领导请刘飞帮忙维护电脑。刘飞也是个热心肠，几乎有求必应，所以他人缘很好，经常被同事和领导拉出去应酬喝酒。原本，刘飞也是一个非常爱学习的人，他深知计算机技术更新换代太快，稍不留神就会被淘汰。然而，应酬的机会越多，学习的时间就越少，再加上刘飞当时的工作对他而言，得心应手、毫无压力，所以，他渐渐地把读书学习的事情抛之脑后。

一晃几年过去了，领导人事变动，前任老总退休，新任老总年轻有为，大刀阔斧，仅用了一年时间就实施了包括生产运行系统、质检系统、安全防护系统、行政办公系统在内的网络建设。

在这些项目开展之初，刘飞仍然是公司的信息主管，可是后来新任老总觉得刘飞的表现差强人意，对不少新的技术总是一知半解，相反，公司新招进来的技术骨干中，有专业能力强于刘飞之人。没过多久，刘飞名片上的头衔便由信息主管变成了信息主管助理。想到自己的职位被人替代，刘飞追悔莫及：如果当初能坚持学习，保持自己的优势，就不会出现现在这种局面。

2

何为职业安全感？当你成为你所在行业里不可替代的人物时，当你在工作中游刃有余，这份工作给予你信心、安全以及自由，这才叫职业安全感。

一个人起点的高低并不重要，重要的是懂得该如何打造自己的核心本领,让自己成为业内翘楚。也许你的天资一般,也许你没碰到好的机遇,但这一切在强大的学习能力面前都是次要的。拥有强大学习能力的人就相当于拥有了在当今社会的竞争力,只要你投入热情并保持专注,你就会不断地超越自我。

特别需要注意的是,时代是不断进步的,今天的知识并不一定能解决明天的问题,所以你需要与时俱进。一旦停止学习的脚步,很快就会被汹涌奔腾的时代大潮所淘汰。

3

有人这样形容自己的培训感想:"听听激动,想想冲动,回去一动不动。"

秦雅从一家名牌大学毕业后,顺利进入了一家世界500强公司做行政工作。工作几年后,她因为业绩突出,被公司当作重点培养对象。然后秦雅却突然做出了一个让所有人震惊的决定,她毅然决定离职,到加拿大进修MBA金融学课程。

为了申请到offer,秦雅付出了很大的代价,她不仅放弃了自己的高薪工作,还几乎花光了几年来的积蓄。到了加拿大之后,事情并没有秦雅想象的那么顺利,为了支付昂贵的学费和各项生活费用，她每天除了上课，就是到处找地方打工。然而，经历了种种困难的她虽然成功地拿到了学位，却没能在加拿大找到一份合适的工作，因为加拿大并不缺金融人才，更何况秦雅这种没有相关工作经历的异国人士。

无奈之下，秦雅只好选择了回国。刚回国内，秦雅心想，凭着自己"海归"的身份、过硬的学历和语言技能，在上海这个中国的金融中心，寻找一份高薪体面的工作应该问题不大。然而现实却是残酷的。她连续应聘了几家外资银行，不是在初选就是在复试被淘汰。原来，尽管她的语言和文凭都过硬，但她最大的短板就是没有任何金融行业的工作背景，而银行更需要的是经验丰富的实干型人才。

眼看进入金融界无望，秦雅只好选择回归自己本行，做行政工作，这几年时间，权当走了弯路。

就这样，损耗了大笔的时间、精力跟金钱，一次失败的"充电"给秦雅的职业发展造成了巨大的影响。

这并不是一例特殊现象。当人们都认识到了"充电"的重要性时，新的问题又出现了：很多人在"充电"的过程中乱充电、充错电，这种现象时有发生。尽管相对于秦雅跑到国外进修来说，大多数人未必敢于这么大动干戈。多数人可能会选择考一个职业资格证书，或者去进修一门小语种给自己"充电",但即便这样的培训,大多也是盲目跟风或者无奈之举。盲目"充电",轻者浪费了自己的金钱成本和精力成本,重者则让自己的职业生涯陷入困境。

如今的职场上,"充电"变得越来越重要。的确,面对激烈的人才竞争,我们要不断地给自我增值,否则就如同耗损的电池一样失去了价值。特别是对于刚刚迈入职场的年轻人来说,要想在职场中闯出自己的天地,那么超强的学习能力肯定是你的"武器"。

4

我们该如何掌握行业中必要的一切知识呢?简单地说,可以通过以下几个方面来实现。

第一,珍惜所有学习机会。当学习机会来临时,不要犹豫,不要观望,拿出行动力,赶快踏出你的第一步。珍惜学习机会,让你的心灵变得富足。

第二,掌握多种学习方式。如果平时工作繁忙,担子重、压力大,那建议选择利用周末或者相对集中的一段时间参加学习,很多高校都开设有在职人员进修班。如果工作压力不大,工作环境相对轻松,最好利用平时的晚上和周末上进修班,形成每天规律的学习。

第三,培养终身学习习惯。当学习成为一种习惯,而不是被迫的行为，才能激发我们更大的热情和激情。一个人只有严于律己，坚持终身读书学习，才能享有随之而来的成功、荣誉和财富。不管你承认与否，这个时代，正在悄悄犒赏那些终身学习的人。

那么，如何在有效的时间里制订合理的"充电"计划，使"充电"的效能达到最大化的同时还不影响工作，为个人成长和职业发展推波助澜呢？

首先，定位要准确。职场"充电"定位切不可盲目。首先要认真分析一下自己所在的领域对人才有什么样的标准和要求，诸如文凭、经验、职业资格等，然后按市场要求调整自己的进修方向和方式。此外，"充电"一定要选择能使自身价值得到提升的专业或项目，千万不要为了一纸文凭而去学习。

其次，目标要明确。很多职场人都存在"技多不压身"的想法，认为多一个证书终归没坏处。因此，听闻最近流行考什么证，什么证书吃香，就去考什么。最终，证书拿到一堆，表面看上去掌握了多项技能，其实大多数都是做无用功。这样的"充电"不仅浪费了时间，浪费了金钱，更会把自己的职业发展引入歧途。自己究竟最擅长哪一方面？迷茫。

最后，时机要正确。正确的"充电"时机，不仅可以降低投资成本，甚至还可以节约时间，事半功倍。这里所说的时机，主要指的是一个人职业发展的特定时间阶段。在不同的阶段，根据自己的职业发展状况、专业水平、工作能力以及今后一段时间职业发展目标，来选择恰当的培训，这才是上策。

我们第二，所以要更努力

1

美国有一家租车公司，长期以来一直处于行业第二，距离行业第一始终有着很大差距，可是后面的竞争者却虎视眈眈，一着不慎便随时有可能被超越。眼看公司遭遇发展瓶颈，这时，公司聘请了新任总裁，有着"经营大师"之称的奚得先生，奚得先生到任后便对公司进行了大刀阔斧的改革。

要提高公司知名度，就必须加大对公司的宣传。奚得先生找到广告大师彭巴先生，彭巴克先生建议在广告中坦白直率地告诉大家——我在租车行业中，排名第二。因为是第二，所以我们要更努力。

奚得先生接受了这则广告建议，他吩咐把所有的车都贴上自己的电话，如果租车者发现车子不整洁、不卫生等情况，可以直接打电话向他投诉。因为："我们第二，所以要更努力。"

不久之后，该公司业绩急速上升，市场占有率逐渐靠拢第一名。但是，他们仍以第二自称，因为第二代表的不只是名次，还是他们努力的形象。一个不断努力改进自己的企业，有什么理由不受欢迎呢？

2

曾经获得世界冠军的美国拳击手杰克在每次赛前都会默默地祈祷。有朋友问他："你在祈祷获得胜利吗？"他否认道："如果我祈祷自己获胜，而对手也祈祷获胜，那岂不是让上帝很为难？"

朋友很奇怪："那你在祈祷什么呢？"

杰克回答："我祈求上帝让我打出漂亮的比赛！最好让我们谁都别受伤！"

一个必须要将对手打败才能获胜的拳击手，上场前竟然向上帝祈求这么一个愿望，这不得不让人敬佩。

我们追求完美，但也接受不完美。接受现实，就是正视现实，实事求是，不抱任何偏见地正确地理解、评价自我和别人，同时也是用平和的心态去看待人生的起起落落。

3

奥运会，四年一届，云集全世界上万名顶尖运动员。台上一分钟，台下十年功。他们在幕后付出了鲜为人知的努力，他们担负着众多的期望，谁都想有个完美的结局：站在冠军领奖台上，戴上金灿灿的冠军奖牌。然而，每个项目的冠军奖牌只有一个，更多的人只能铩羽而归。

但凡是比赛，总归有输赢，仿佛只有冠军，才是我们眼中的胜利者。有些运动员因为发挥不佳错失金牌，与冠军失之交臂，很长时间甚至终身都走不出失利的阴影。这其实是有悖奥运精神的。

其实，不只是奥运会这样的比赛中，在现实生活中，类似于"只争第一，不做第二"这样的口号激励着一代又一代人为其理想而奋斗，那首名为《爱拼才会赢》的歌曲被无数人传唱就是最好的例证。人们都渴望做强者、胜利者，成为万众瞩目的英雄，因此难以接受失败。

俗话说"三百六十行，行行出状元"，然而每行的状元也只有一个，可趋之若鹜者却不计其数。争第一的精神固然可嘉，但是也并非只有第一才伟大。武侠小说中常常有这样的情节：有高手为了争天下第一的头衔，四处找人比武，一场场血战下来，自认为已是打遍天下无敌手了，其结局要么最终冷不丁被一个名不见经传的人杀掉了,一世英名毁于一旦,要么最后大杀四方,剩下自己一个孤胆英雄,忍受高处不胜寒的寂寞,独孤求败,实在孤独。这也是挺可悲的。

很多时候,我们更需要用一种平和的心境来对待人生的"第一",要有争第一的决心和勇气,但若是败了,得了第二、第三又何妨?有人说:"英雄就是做他能做的事,而平常人就做不到这一点。"没错,实际上,每个人,无论做何事,都必定有他所能达到的极限,并非一定要求自己超过某人,达到某一程度、某一目标。只要尽自己所能,问心无愧,最终能达到什么样的高度并不重要。

生命是一个过程,而不是定格在最后那一枚奖牌上。如果你当不了第一,但你同样可以拥有成功,谁能说第二、第三名就不是成功呢?

在人生的征途中,常有竞争和角逐,也有奋斗和拼搏,着实需要争第一的精神,但若是因为自身的局限,拼尽了全力,也只得了银牌或者铜牌,同样要为自己喝彩!因为人生不只有第一才是胜者,更不是只有第一才精彩!

你为什么会觉得别人没压力？

1

　　我们常常会羡慕别人，为什么他们活得那么自在洒脱，活得轻松惬意，那不正是自己所向往的诗与远方吗？可是我们却不曾想过，也许别人展示在我们眼前的永远是最美好的一面，其背后为了美好生活所付出的汗水和努力，其在打拼中忍受的痛楚与孤寂，我们却不曾感知。

　　其实，每一个优秀的人，都有一段沉寂的时光。在那段时光，他承受着仿佛被全世界遗弃的孤独，也承受着种种压力。比如为了心中的象牙塔而挑灯夜战的高考学子；为了顺利通过试用期而任劳任怨的新晋职员；为了完成指标而废寝忘食的项目经理；为了人民群众而不辞劳苦的基层干部……可以说，在不同的社会分工下，不同的角色，每个人都有每个人的压力，只是或大或小，或多或少，我们每个人都无法避免。

　　既然每个人都有压力，那我们也没必要去羡慕别人，哪怕是羡慕那些看起来压力比我们小的人。欲戴王冠，必先承其重。我们需要做的是,了解自己的压力,正视压力,并减少不必要的压力来源,善于排解压力、冷静对待压力。英国著名的心理学家罗伯尔曾经说过:"压力犹如一把尖刀。它可以为我们所用,也可以把我们割伤。那要看你握住的是刀刃还是刀柄。"

2

唐谣研究生毕业后就跟相恋了5年的男友走进了婚姻的殿堂。第二年,唐谣就生下了宝宝。因为唐谣从小在家就被父亲捧在手心,从未受过一点挫折和委屈,所以在生完宝宝后,面对并不轻松的工作环境,嗷嗷待哺的孩子,还有日益紧张的婆媳关系,她感觉到了前所未有的压力。

有一次带宝宝回娘家,唐谣忍不住跟父亲诉起苦来。父亲默默听她说完,把她领到了厨房。父亲打开冰箱,从里面拿出了两包豆芽菜,说道:"我跟你妈买菜时买重了,这两包豆芽菜你看看有什么区别?"

唐谣接过来一看,回答道:"这包豆芽又细又长,里面还带着根须,看起来不怎么好吃,另外一包看上去鲜嫩粗壮,没有根须,而且很饱满。"

父亲笑道:"它们的生长环境相同,不同的是,粗豆芽在生长的时候上面压了一块石头。粗豆芽是我买的,我也是听摊主讲的，所以我想把这个故事分享给你，想告诉你，女儿，你要学会排解压力，学会把压力转换为动力。它会让你更健康地成长，眼前的苦难只会让你变得更优秀！"

唐谣明白了父亲的良苦用心，内心释然了。

每一个成长的日子里，不可能总是充满着灿烂的阳光与和煦的微风，面对压力，乐观的人善于将其变为动力，而悲观的人则会任由压力改变自己。

既然压力不可避免，那么我们何不学得像粗豆芽一样呢，让自己享受这份压力，在压力中历练自己，让自己变得愈发成熟而富有魅力。

一位管理人士曾说过这样一句话："人生活在世界上，每天都像动物一样在大草原上猎食，有时丰收，有时失败；有时自己跌倒，有时看到别人跌倒，但是这其中最大的不同，就在于这个人多快能重新站起来。"所以说，我们只有让自己尽快从压力中解脱出来，才能摆脱苦闷，我们也只有具备了乐观的生活态度，才能适应时代的变迁，走出只属于自己的优雅步伐。

就算压力像空气一般充斥在我们周围，我们也应该想办法呼吸。压力无处不在，这已经是一种无可改变的现实，抱怨也好，堕落也罢，都只是在强压之下扭曲的表现。改变不了现状，就想办法利用压力。就像能量可以转化一样，压力也能转化成动力，只要你将它看作自己的推动力，那么你就能够得到成功的原动力。

3

一艘货轮在大海上航行的时候，突然，海面上出现了巨大的风暴。一时间，船员们手忙脚乱、惊慌失色。

老船长临危不乱，他果断下令："赶紧打开所有货舱，马上往里面灌水。"船员们闻言惊呆了，这个时候往货舱里灌水，这不是险上加险、自寻死路吗？

看着水手们一脸茫然的样子，老船长镇定地解释道："大家应该知道，暴风肆虐的时候，被刮得横七竖八的都是那些根基不稳的小树，你们有见过根深叶茂的大树被暴风刮倒过吗？"水手们将信将疑地按照老船长的指示，打开了舱门，暴风依然猛烈，但是随着货舱里水位的逐渐升高，货轮反而越来越稳，已经无惧风暴的袭击。

船员们终于松了一口气，纷纷夸赞老船长的英明决策。船长微笑着对船员们说："一只空木桶很容易被风打翻，但是如果你把木桶里注满水，风就没那么轻易能将它吹倒。同样的道理，空船在海面上航行，遇到风暴时是最危险的，给船舱里加点水，让船负重，反倒是安全的办法。"

空船是最危险的,给船舱里加水,让船负重才是最安全的。其实,人何尝不是呢?心头放着一定的压力,才能走出坚稳的脚步。如果像一艘空船一样,没有任何负担,那么一场人生的暴风雨就能将之彻底打倒。在生活中,在这个四周充满竞争的社会里,谁要是拒绝压力,谁就注定无法生存。

有一位哲人说过:"要想有所作为,要想过上更好的生活,就必须去面对一些常人所不能承受的压力,你得像古罗马的角斗士一样去勇敢地面对它,战胜它,这就是你必须走的第一步。"

美国马萨诸塞州的阿默斯特学院曾经做过一个很有意思的实验。

实验人员用很多铁圈将一个小南瓜整个箍住,然后观察当南瓜逐渐长大时,能够承受铁圈多大的压力。最初他们预估南瓜最大能够承受约500磅的压力。

第一个月,南瓜承受了500磅的压力;第二个月,南瓜承受了1500磅的压力;当它承受到2000磅压力时,实验人员用铁圈把南瓜箍得更牢,以免南瓜把铁圈撑开。最后,整个南瓜承受了超过5000磅的压力时,瓜皮才开始破裂。

实验的最后阶段,实验人员把这个南瓜和其他南瓜放在一起,试着一刀切下去,看看质地有什么不同。当别的南瓜随着手起刀落被应声切开的时候,这个南瓜却把刀弹开了,实验人员又换了把斧子,依然不能伤它分毫。最后,这个南瓜是用电锯锯开的!它果肉的硬度已经相当于一棵成年大树的树干! 因为在生长过程中,它一直在试图突破铁圈的包围,它全方位地伸展,吸收充分的养分,最终,果肉变成了坚韧牢固的层层纤维。

这则实验告诉我们:南瓜超出人类的想象承受了如此巨大的压力,同样,我们人类在顺境之中往往也无法想象自己到底能经受多大的压力。其实,大多数人能够承受的压力往往远超过自己的预想。只要我们用积极的态度和行动去应对,生命的潜能永远大于我们对它的估计。

4

永远恐惧压力,你就可能永远被它压制。若是试着一点点地接受压力,那么你就会如同这个南瓜一样,随着岁月的流逝而成长得无坚不摧。的确,压力可以激发出强大的精神力量,将人的潜能发挥到极致。比如,在一场大火中,一个年轻姑娘竟然可以把一架需要几个男人才能搬动的钢琴搬到了远离火源的地方;一个不足十岁的小男孩,为了救出压在汽车下的爸爸,情急之下居然一个人掀翻了一辆汽车!此类事例,充分说明了在压力面前,一个人的潜能有多么大。

因此，压力并不是什么大不了的事情，关键是我们如何看待它。在压力面前，勇敢笑对，将其转换为动力，在压力的鞭策下，让自己不断精进，压力就成了成功的催化剂。所以我们必须要学会和压力共存，在工作中做到精益求精，才能在激烈的职场竞争中笑到最后。

从这个意义上说，我们需要换个心态看待压力——我们需要感激压力。只要是自己能够承受的压力，那么就不妨在一段时间内，让压力来得更加猛烈些！像铁圈下的南瓜一样承受压力，敢于负重、勇于负重、善于负重，我们会因这近乎残酷的负重洗礼而变得更加强大，实现从焦虑到安然、从平庸到成功的跨越。

别让懒惰决定了你的薪资水平

1

在澳大利亚的南部沙漠，生存着一种又矮又胖却行动敏捷的蜥蜴。只有每年的二三月份，这些蜥蜴会一反常态，变得行动迟缓。这种现象引起了动物学家的兴趣。

　　动物学家捉来一只蜥蜴,然后对它做CT扫描。令动物学家吃惊的是,这种正在妊娠状态中的蜥蜴,其腹中胎儿的重量竟然达到了母体重量的1/3,相当于人类一个孕妇要生出一个七八岁大的儿童,而且,腹中胎儿就位于母体的肺部和消化道上。由于蜥蜴几乎周身布满了坚硬的鳞片,所以蜥蜴的腹部是无法变大的。在这种情况下,在10～15只胎儿的挤压下,母体的肺部几乎全部萎缩,食管也变得异常狭窄。特别是在妊娠后期,因挤压而产生的憋闷及食管变窄,导致这些蜥蜴母亲无法正常活动、正常呼吸、正常进食,一向行动敏捷的它们只能艰难地缓慢活动,苦不堪言。

　　动物学家就此得出结论:世界上没有任何一种动物的繁衍,会比这种蜥蜴所承受的苦痛更大。不仅是苦痛,还伴随着灾难。这些蜥蜴母亲因为行动迟缓,一不小心就会被天敌轻松捕获,成为它们口中的美餐。在经历巨大的痛苦和劫难之后,蜥蜴母亲终于苦尽甘来,产下自己的幼仔,这些小蜥蜴虽然刚出生, 却可以进食跟成年蜥蜴一样的食物,具备一定的生存能力。

　　从这种蜥蜴的繁衍群体来看,蜥蜴母亲被天敌捕食的概率达到1/3,但是新生蜥蜴的成活率却可以达到近100%,这算得上动物繁衍成活率的世界之最了。

自然界的法则大体是公平的，没有付出就没有回报，没有努力就不会有收获。收获丰厚成果的前提，必须是努力地付出。人类社会其实也是如此。

2

清晨，当别人还在睡懒觉时，他早已出门开始晨跑；晚上，当别人在玩手机刷抖音时，他在看书翻资料；周末，当别人纷纷外出游玩时，他在电脑前列好了下周的计划；工作中，别人敷衍了事，他却事事认真；两年后，当他的同班同学大多还只是普通的会计师的时候，他已经是一家上市公司的财务总监了。

当别人问他："你是怎么做到的？"他说："很简单，每天多做一些。"

每天多做一些，每天就向前迈进一步，人生的差别就在于这一点。如果你每天比别人多做一些，几年之后，你就会将别人远远地甩在身后。

人懒事事难，人勤事事易，懒惰是世界上最大的浪费。从来没有听说过游手好闲、好逸恶劳的人可以抵达成功巅峰，那些走在时代前列的弄潮儿，无一不是面对困难百折不挠、奋勇拼搏的人。

人最大的对手，往往不是别人，正是自己的懒惰。绝大多数胸无大志的人之所以一再失败,是因为他们不愿意做出必要的努力,他们在身体上懒惰懈怠、精神上随波逐流,他们回避挑战、放任自我,他们认为的安逸、悠闲、享受生活,实际是无聊、倦怠与消沉!

有些人,成天都在做梦,梦想着好运会降临在自己头上,然后一边憧憬着美好未来,一边在抱怨,为什么好运迟迟不来? 答案是:好运永远属于那些勤奋和奔跑在前面的人!

3

张海打小性格憨厚老实、待人真诚。大学毕业后,他来到一家大企业做销售工作。 由于缺少工作经验,再加上沉默寡言,同事和领导都不太关注他。

这天他早早来到公司,因为公司最近新引进了一批产品,每个人都被分配了好多工作。张海到了一会儿,同事们纷纷也来了,都对领导的工作安排颇有微词:任务这么重,却不增派人手,这是要把人累死的节奏啊!

正说着,领导又开始分配新任务了:"小李,开发区那个公司,你今天要去跟进一下,务必把这家订单拿下来!"

"经理,昨天你交代的活我还没干完呢!"小李一脸不悦。

"那好吧,小王,你去!"

"经理,我今天要去两个地方,你说的那个地方太远了,我根本来不及,这样吧,你让张海去吧。"

"张海,你去,怎么样?"

"好,没问题,保证完成任务!"张海乐呵呵地答应了,却遭到了同事的鄙夷:"傻瓜!"

张海一天跑了3家公司,还不顺路,闷热的夏天没有片刻的休息,他全身衣服湿了又干、干了又湿。尽管很累,但他心里却很高兴,因为这一天收获很大。

公司的领导慢慢注意到了这个寡言少语的小伙子:勤快,工作不挑不拣,努力向上,总是积极主动地揽活。

两年后,张海的工作业绩在公司遥遥领先,被提拔为部门经理,以前嘲笑他的同事都成了他的下属。

天赋基本算是少部分人与生俱来的附加条件,轻易强求不得。而努力勤奋则是人人都可以凭着主观意愿做到的。上天从不会亏待努力的人,也不会同情懒惰的人。当你懒惰的时候,你是否想过,你已经快要被这个时代所抛弃了——喂,人家都月薪五万了,你还在被窝纠结要不要起床?

NO.4

别在该奋斗的年纪选择安逸，
别因一时的艰辛放弃梦想

把你所说的"我不行"换成"我可以"，
把"我一定做不好"换成"我尽最大努力做
好它"。

自信,是你最大的潜能

1

下面的故事发生在中国西部一所乡村中学。

在一堂语文课上,老师要求全班每个同学用"我不能
……"的句式造句,列举出自己认为做不到的事情,写在纸
上。比如"我不能飞上太空","我不能成为姚明一样的篮球
巨星","我不能让所有人都喜欢我"……而老师也和同学
们一样,在纸上写出自己认为难以完成的事情。

十几分钟过去了,许多同学都写了不少的"我不能",
有些同学甚至写满了好几页纸。这时,老师要求大家把写
好的纸条对折一下然后投进事先准备好的纸盒里。学生们
陆续把纸条投进纸箱后,老师也把自己的纸条投了进去。

然后,老师抱着盒子,招呼全班同学来到操场。老师在
操场的一个角落挖了一个洞,接着把纸盒深深地埋进了洞
里。学生们一个个瞪大眼睛,对老师的举动充满好奇。

老师埋好纸盒后,对学生们说:"孩子们,现在请你们
手拉手,低头默哀。"

学生们按照老师的要求,在洞口四周围成了一个圆圈,然后都低着头。此时,只听老师用沉重的语气说道:"孩子们,我刚才亲手埋葬了你们还有我自己所认为遥不可及的梦想,那些我们自认为穷极一生也无法实现的愿景。孩子们,我们此刻怀着沉痛的心情告别'我不能',也同时希望从今天开始,'我不能'永远不要重生,以后陪在你我身边的将是'我可以'!比如,我可以把我曾经认为我不能的梦想实现,我可以战胜一切!"

孩子们听完老师的话,终于恍然大悟,也明白了老师的良苦用心。

我能,无限可能!认为"我能行",你的潜意识就会把成功的信念转化为高效的行动力;认为"我不能",内心里给自己设置了重重障碍,消极、自卑、恐惧等念头就会抢占积极、乐观、从容的位置,最终,你将停滞不前,逐渐被取代、被抛弃、被遗忘!

2

人生的高度,是由自信支撑起来的。如果说心脏是一个人生理上的动力之源,那么自信就是一个人的精神之源。很多时候,我们并非欠缺成功的本钱,而是缺乏自信。

路，只有你走过，才知远近曲折。自信是发自内心的自我肯定与相信。它无论事业工作中，还是在人际交往上都尤其重要。

现实生活中，我们常常会看到，优秀的人，举手投足中都藏匿着满满的自我肯定；而默默无闻的人，往往带着一些怯懦与自卑。你说你腹中满是锦绣，你说你胸中藏丘壑，可是你没自信，你不能在工作与生活当中将它们展示出来，那么，即便你才华横溢、学富五车，在别人眼中，你不过是一个不善表达的"闷罐子"，你的个人价值因为你的不自信而被埋没，你将逐渐沦为无足轻重的边缘人。

3

在浩瀚无垠的大西洋上，一个金发碧眼的年轻人正驾驶着一艘小船在风浪中飘摇。小船时而冲上浪尖，时而跌入波谷，怒吼的海风似乎要将小船撕个粉碎。惊涛骇浪中，年轻人随时有生命危险！为什么他要选择在如此恶劣的天气孤身犯险？

年轻人名叫林德曼，德国人，是专门从事精神病学研究的医学博士。这次航行是他以自己的生命为代价进行的一项亘古未有的心理学实验。

在医疗实践中，林德曼发现了一个规律，许多精神病患者之所以患病，主要是因为他们内心脆弱、意志力不强、承压能力差，在失败和困难面前容易失去信心，心理防线被击溃。这其中不乏那些外表跟体格看上去非常健壮的人。林德曼认为，这和自信有着莫大关系，一个人想要保持身心健康，自信非常关键！

恰逢此时德国正兴起了一场独舟横渡大西洋的探险热潮，先后有100多位探险者尝试驾舟横渡，然而这100多位探险者都遭遇失败，且无一生还。消息传回，国内一片哗然，多数人认为应该取缔这项冒险，因为它完全超过了人体所能承受的极限，这无疑是一种愚蠢而又残酷的"自杀"行为。

然而，林德曼却并不认同这个观点。他认为这些人之所以失败，并非是超过了他们身体所能承受的极限，他们是败给了精神上的绝望与崩溃，或者说，他们其实是死于恐惧！

林德曼的观点遭到了舆论的批评与质疑：难道这些探险者还不够有勇气、有信心吗？林德曼为了验证自己的观点，回击舆论的质疑，他不顾亲友的阻挠与反对，毅然开始了横渡大西洋的试验。在航行中，他遭遇了许多始料未及的困难。前路漫漫，险象环生，孤独、疾病以及体能的消耗，都在一点一点地吞噬着他的意志。在航行的最后半个月里，一场强大的季风折断了小船的桅杆，海浪打裂了船舷，船舱里不断涌进海水。林德曼只能把舵把紧紧地拴在腰间，才能腾出手来拼命地往外舀船舱里的水。

林德曼和季风真正搏斗了三天三夜。他滴米未进，甚至没有一分钟休息时间。三天里，他多次感到坚持不住，甚至出现幻觉。每当想要放弃的时候，他就狠狠地掐自己胳膊，用疼痛感激励自己："林德曼，你是一个勇者，你不能退缩，坚持住，你一定会成功的，马上就要胜利了，你不能倒下！"

"我一定会成功的！"林德曼在心中反复呐喊着，暗示着自己。求生的渴望支撑着林德曼，最终，他成功渡过了大西洋海峡。

事后，林德曼在接受采访时说道："我一直坚信自己能够取得最后的胜利。即使在最无助、最失魂落魄的时候，我也坚信这一点！这个信念已经融入我的血液，融入我身体里的每一个细胞。"

自信不是心血来潮的勇敢，也不是狂妄自大的傲慢，更不是形而上学的自我偏执。它是融入血液里的骨气，它是刻进生命里的坚强，它是理想进取中折射出的生命的灵光。

总是在最深的绝望里,遇见最美丽的惊喜

1

有一座小村子,它地处荒漠,常年看不到绿色,了无生机。村民们只能依靠政府从远处运载食物和日用品度日。

一年,一位名叫罗伯特的物理学家在进行环球考察时来到这个村子。他在村里住了几天后发现了一个非常奇特的现象:村里除了人以外,几乎没有发现其他生命迹象,唯独蜘蛛在此繁衍生息,活得还很好。

罗伯特对此感到非常好奇,为什么只有蜘蛛可以在如此干旱的环境中生存下来? 最终,罗伯特把目光锁定在蛛网上面。他通过电子显微镜对蛛网细心观察后发现,这些蛛网的亲水性特别强, 它可以轻松地吸收雾气中的水分,而这些水分正是蜘蛛能在这里生生不息的源泉。

于是,罗伯特开始了延伸思考:既然蜘蛛可以截雾取水,人类是不是也可以借鉴这个方法呢?

在当地政府的支持下,罗伯特模拟蛛网的特性,研制出一种人造纤维网, 并选择当地雾气最浓的地段排成网阵。如此一来,空中的雾气被反复拦截,从而形成大量的水

滴,这些水滴滴到网下的流槽里,变成了新的水源。

据测算,这种人造"蛛网"平均每天可截水多达上万升,不但满足了当地居民的生活用水,而且还可以用来灌溉土地,昔日荒凉的大漠浮现出勃勃生机。

也许一百人来到这里,就会有九十九个不抱希望,然而罗伯特却在这种看似绝望的环境里发现了新的希望。实际上,在任何地方,任何事情上,都不存在真正的绝境,而之所以绝望,是人的心理在作祟。

2

黑夜无论怎样漫长,白昼总会到来。

我们在人生的旅途中前行时,不可能总是一帆风顺,难免会跌入各式各样的困境之中。人生没有走不出的低谷,那些曾经的坎坷只会成就未来更加光彩的人生。面对困境,假如我们绝望了,那恐怕只能陷在低谷之中,无法脱困;相反,如果我们能够坚信希望就在前方,乐观豁达地面对一切,那就有可能将落在身上的泥土转变成帮助自己脱困的垫脚石。

画家几米曾写过这样一段话:"掉落深井,我大声呼救,等待救援……天黑了,黯然低头,才发现水面满是闪烁的星光。我总是在最深的绝望里,遇见最美丽的惊喜。"无论你是否看得清未来，无论你的前途是否仍处于暗淡之中,只要希望之火不灭,你就一定会凭着它找到出口。

3

雅诗·兰黛出生于一个普通的家庭。在她十几岁的时候,她的叔叔——化学家舒茨到家里做客,送给雅诗一份护肤油的配方作为礼物。叔叔的这份礼物出于无心,但从此,在雅诗的心里种下了打造美容世界的梦想种子。

雅诗在20多岁时结婚了,紧接着,她又生了两个可爱的孩子。然而,雅诗并不安心于相夫教子的生活,美容帝国的梦想一直在蠢蠢欲动,她一直在寻找合适的时机。于是,雅诗用叔叔给的配方,开始自己制造化妆品。制造完成之后,她又不遗余力地到处推销自己做的面霜和手霜。由于雅诗一门心思地把所有的精力都花在化妆品上,无法在家庭和事业上找到平衡点,这引起了丈夫的极度不满,终于有一天,丈夫提出了离婚。离婚后,雅诗一度陷入绝境,一边是无人照料的两个孩子，一边是没有任何起色的事业。但是,坚强的雅诗并没有因此一蹶不振,而是以一种常人难以想象和理解的毅力坚持了下来,她带着年幼的孩子到了新的城市,在商场里开设了自己的化妆品专柜。

3年后，经历过生活风雨与心灵洗礼的雅诗和丈夫复合了，夫妻二人一起创建了雅诗·兰黛公司。为了节省开支，他们没有雇用他人，公司所有业务都由他们夫妻二人共同经营，丈夫负责管理工作，而研发、销售、运输、宣传等活儿都是雅诗一个人干。接客户电话的时候，她不得不经常变化嗓音，一会儿高一会儿低，一会儿装经理，一会儿装财务人员，一会儿又装运输人员……

苍天不负有心人。终于，雅诗·兰黛的化妆品进入了美国最高级百货公司聚集地——第五大道的商场柜台上。经过几十年的努力，雅诗·兰黛终于打造出了自己的化妆品帝国。

人生就是这样，只要心存希望，那些来自外界的不幸不管多么沉重，也不管多么巨大，总会有一条路在我们脚下延伸开来。这个世界上，从来没有什么真正的"绝境"，一切都是相对的。所以，不管摆在我们面前的是怎样的境遇和状况，我们都不要忘了给自己一个希望，只要坚定了这个信念，我们就一定会战胜那些看似难以跨越的困境。

能站起来,就别在跌倒的地方自暴自弃

1

在日本的赛马场上有一匹叫作"春丽"的马,它一共参加了113场比赛,结果输了113场。不过尽管如此,还是有许多市民争先恐后地购买门票,观看春丽的比赛。

为什么这一匹从未有过辉煌战绩、屡战屡败的马能吸引众多民众的观赛热情呢?就是因为春丽那种屡败屡战的精神感染和鼓动了每一个人。

生活中许多人往往只能接受成功的喜悦,而不能承受失败的打击。殊不知,面对失败,沮丧和苦恼只会将人囚困在消极的牢笼之中。人生之路漫长,总会有崎岖与坎坷,但只要不放手,便总会有希望。

巴尔扎克说:"挫折就像一块石头,对于弱者而言它是绊脚石,只能让人止步不前;对于强者而言,它却是垫脚石,让人站得更高,看得更远。"

失败和成功总是相伴相随,没有品尝过失败的苦涩,就无法体会到成功的甘甜。失败并不意味着一无所有,它也可以看作是人生的一个警示牌,通过失败总结经验教训,改变对策,重整旗鼓,才能以更好的姿态拥抱成功。在失败中善于做一个"淘金者",才能找到自己真正需要的东西。

2

古代欧洲的苏格兰有个国王名叫罗伯特·布鲁斯。在他统治苏格兰期间,英格兰国王向他发起了战争,带领着军队入侵苏格兰。

双方的战争一场接一场地打响。由于布鲁斯的决策失误,苏格兰军队先后六次败给了英格兰军队。最终,苏格兰溃不成军,布鲁斯也被迫躲进了城郊一间废弃的茅屋。

一个阴雨天,布鲁斯身心俱疲地躺在柴草床上,正当他感到万念俱灰的时候,他看见一只蜘蛛正在结网,百无聊赖的布鲁斯想看看蜘蛛是如何应对挫折的,他不断地毁坏了蜘蛛将要结成的网。然而,蜘蛛却似乎并不在意布鲁斯的蓄意破坏,刚被破坏,它又迅速地再次结好了网。

布鲁斯被此情此景震惊了。他暗自思忖:"我六次败给了英格兰,现在已经到了退无可退的境地,我是不是应该放弃了?如果我把蜘蛛的网也破坏六次,它是否也会放弃呢?"

于是,他连续毁坏了蜘蛛的网六次。可是,蜘蛛依然显得毫不在意,它更加小心翼翼地进行第七次的努力,终于,一张新网再次结成。

"我也要去尝试第七次!"布鲁斯欢呼了起来。他被这只蜘蛛感动了,他重新鼓起了勇气,决意再做一次奋斗,他召集了一支新的军队,并把这个鼓舞人心的故事告诉那些已失去信心的臣民。他谨慎而耐心地布局、准备,终于,他从英格兰人的手里夺回了领地,把英格兰人赶出了苏格兰国土。

失败令人沮丧,但经受失败没什么大不了,只要我们能够积极一点,乐观一点,善于从失败中学习,不断地总结失败的教训,并不断告诫自己,下次绝不可犯此类错误,重整旗鼓、从头再来,然后一步步走出失败的阴影,离收获成功也就不远了。

世上没有标准意义上的成功,也没有完全意义上的失败。就算真失败了,也不要紧,从哲学意义上说,失败者反倒是一种光荣,因为失败者至少尝试过,至少曾经有过机会成功。因此,跌倒了,爬起来就是了,不要停在原地自暴自弃。

3

1832年,林肯失业了。随后,他决定要参加竞选,要当州议员。糟糕的是,他落选了。接着,林肯着手开办企业,然而一年不到,企业就面临倒闭了。

1835年,他订婚了。可是,临近结婚时,未婚妻却不幸去世了。这次沉重的打击,令他心力交瘁,数月卧床不起。

1836年,他患上了神经衰弱症。

1838年,林肯觉得身体状况良好,于是决定再次竞选州议会议长,结果,他再次落选。

1843年,他又参加竞选美国国会议员,这次竞选依然以失败告终。

林肯一次次地尝试,一次次地遭受失败:企业倒闭、爱人离世、竞选败北。

如果是你,你会不会就此沉沦、放弃?

然后,林肯却一直没有放弃初衷,他不断地与命运抗争。

1846年,他又一次参加竞选国会议员,皇天不负有心人,这次终于当选了。

两年任期很快到了,他决定要争取连任。他认为自己作为国会议员的表现是出色的,选民一定会继续选举他。但结果很遗憾,他落选了。这次竞选让他赔了一大笔钱,林肯只能去申请当本州的土地官员。但州政府把他的申请退了回来,并指出:"做本州的土地官员要求有卓越的才能和超常的智力,你的申请未能满足这些要求。"

接连又是两次失败。在这种情况下你会坚持继续努力吗？

林肯没有服输。

1854年，他竞选参议员，落选；两年后他竞选美国副总统提名，落选；又过了两年，他再一次竞选参议员，依然落选。

林肯尝试了11次，可只成功了2次，他一直没有放弃自己的追求，他一直在做自己生活的主宰。1860年，他当选为美国第16任总统。

2006年，林肯被美国的权威期刊《大西洋月刊》评为影响美国的100位人物第1名。

在失败面前，懦弱者痛苦迷茫，彷徨畏缩；而强者却坚持不懈，紧追不舍。有时候，我们孜孜以求的快速通道不一定是最好的人生之路。那些事与愿违的境况虽然会令我们失望，但我们要知道，它们也是生命中不可或缺的一部分。那些洒落在成长道路上的失败，正是我们迈向成功的火种。

命运永远掌握在自己手中

1

大象坎特是追梦马戏团的明星"演员"。它的每一次演出，都能吸引成千上万的观众，喝彩声不断。

有一天，少年希尔在观看完坎特演出后，为了能近距离看看坎特，他特地跑到马戏团后台，找到坎特栖身的地方，希尔见四处无人，坎特只被一条极其普通的绳子拴在一根木桩上，他感到十分奇怪，难道不怕坎特稍一使力拉起木桩逃走吗？

正巧这时，驯兽师走了过来，希尔好奇地拉住驯兽师问道："先生，这么细的绳子能拴住坎特吗？它要是挣脱绳索跑了怎么办？"

驯兽师抚摸着希尔的头，耐心地回答道："这你就不知道了吧？在坎特还是一头小象的时候，我们用大铁链锁着它，每次它想逃走时，只要一用力拉动铁链便会痛得动弹不得。在经过多次尝试后，最终它放弃了。所以，现在我们早就不用铁链了，只需要一个绳子即可，因为它再也不相信自己可以逃脱了。"

·别在该奋斗的年纪选择安逸,别因一时的艰辛放弃梦想·

    难道大象真的不能挣脱绳子的束缚吗？绝对不是。只是它的心理已经接受了"这根绳子的强度是自己无法挣脱的"这个现实。

    现实生活中,是否有许多人也像大象坎特一样?年轻时意气风发,也曾为了心中理想去颠沛流离,但是,在遭遇多次打击、遍体鳞伤之后,他们最终失去了信心,变得懈怠、消极，他们开始抱怨这个世界的不公平，开始怀疑自己的能力。他们不再去努力寻找新的奋斗目标,也不再追求突破。他们可能早已经摆脱了沉重的"大铁链"的束缚,然而,曾经那些刻骨铭心的疼痛让他们不敢再尝试,他们习惯了作为失败者的角色存活着。这是比失败更可怕的状态。

2

    有一个我们耳熟能详的故事:一只生活在井里的小青蛙,它的祖祖辈辈一直生活在井里。它对自己生活的小天地感到非常满意。时而在水面上嬉戏,时而潜入水中游泳。

    有一天，它突然被井外照射进来的一缕光线所吸引,它感到很好奇并猜想着井外面到底有什么。它沿着井壁慢慢往井外爬,快到井口时,它有点害怕了,万一井外有猛兽怎么办?它想退缩,但又心有不甘。于是它再次小心翼翼地继续往上爬着。快到井口时,它纵身一跃,哇,眼前出现了一片池塘。

好大的池塘啊,比自己住的那口井可是大上好多倍啊!好奇心驱使着它继续前行探险,它又发现了一个大湖,大湖比池塘又大上好多倍,它惊讶地瞪大眼睛在那里沉思了好久。

最后,小青蛙历尽艰难险阻,长途跋涉来到大海,看着眼前一望无垠的碧海蓝天,它感到了前所未有的震撼。

如果审视自己目前的视野和胸襟,你会不会用"坐井观天"来定义?

现在很多年轻人喜欢把自己限制在一个非常狭小的社交圈里,阅历不丰富,观念不成熟,眼界不开阔,他们所能看到的只有自己的身边人、身边事,他们常常也会自我安慰:我比谁和谁混得要好,我比谁和谁活得潇洒,我比谁和谁更有钱……不知不觉中,他们活成了"井底之蛙"。

3

一位士兵给拿破仑送信途中,由于任务紧急,他不敢有片刻耽误,一路策马狂奔。刚到达营地的那一刻,马因为过度劳累倒地而死。拿破仑在知道这件事后,他一边把回信递给士兵,一边命令士兵骑上自己的马,并嘱咐他火速把信送回。士兵看着这匹拥有高贵血统的战马,忙说道:"这哪儿行啊,将军,您的这匹战马对于我这样一名普通的士兵来说太奢侈了。"拿破仑正色道:"没有什么东西能够比法国士兵更高贵、更奢侈。"

在这位法国士兵的眼中,主帅的战马是可望而不可即的,他可能从来没敢想象过有一天自己能骑上主帅的战马。这正印证了拿破仑的那句经典名言:"不想当将军的士兵不是好士兵!"

溪流的流向似乎永远不会高于它的源头。很多时候,妄自菲薄的心态削弱了我们的战斗力,我们自认为已做到极限,殊不知这可能才是别人的起点。

命运永远掌握在自己的手中,一旦你内心的强大力量被唤醒、被激发、被转化,也许,你就是那个创造奇迹的人。

多走一段弯路,就多看一段风景

1

菲菲很特别,有很多优点,会弹钢琴,唱歌也好听。可是优秀的她高考失利了。每个人都曾以为她能够考上复旦大学,但是她的分数只够去读一个不知名地方的医科大专。

她曾一度非常沮丧,但她从来没有抱怨过生活,始终从自己身边的人和事上看到和学习美好的东西。在学校里,她同样地谈恋爱、逛街……后来,她去医院实习,给断掉的骨头上石膏,后来还可以做开腔手术大夫的助手。再后来,她考上了法律的本科,从专科升为本科,从零开始。

她从不讨厌自己眼下的工作,但是她有更高的梦想和目标。她甚至从律师事务所辞职去黑龙江支教去了。她热爱自由而踏实的生活,她并没有走上所谓的成功之路,虽然这对一个律师而言似乎更容易些。

菲菲后来又去了加拿大读大学,关于教育和非赢利公益组织的管理。她那么热爱人生的多样性,是从来顺利的人无法体会到的。

她对人说:"我走的不是弯路,而是多看了一段风景。"

生活的强者,只在乎心灵。古罗马政治家塞涅卡曾说:"没有谁比从未遇到过不幸的人更加不幸,因为他从未有机会检验自己的能力。"如何检验自己的能力呢?走一段弯路。在弯路中,我们总是在得到与失去的交替中,在渴求与放弃的转变间经历着痛苦,同时也感受着快乐。

2

都说,走弯路很苦,其实苦的另一面是一种恩赐,因为伴随苦难而来的往往是一种超乎常人的坚强与不屈,而这种精神才是人生在世最为宝贵的财富。

洛克原本是个腰缠万贯的大富商,可是自从公司破产后,他变成了一个家徒四壁的穷光蛋,他在尝遍人生冷暖后心灰意懒,萌生了轻生的念头。

洛克回到了儿时生活过的乡间小镇,那里承载着他童年的美好记忆。既然选择离开这个世界,那不如回到最初的美好。

洛克在返乡途中看到一片瓜地,眼下正是丰收时节,好客的瓜农看到风尘仆仆的洛克,爽快地邀请他品尝地里的瓜,边吃边聊。瓜农对洛克讲述,前几年收成并不好,不是天灾就是虫患,有时甚至眼瞅着就要丰收了,突如其来一场冰雹,一年的辛勤劳作毁于一旦。

洛克闻言有些意外,他脱口而出:"天啊,碰到这样的情况,你该怎么活下去啊?"

憨厚朴实的瓜农咧嘴一笑:"你看,无论前几年再怎么艰难,现在我不还是丰收了吗?而且,正是之前的歉收,才让这次丰收显得更有意义。"

瓜农看出来洛克心事重重，他意味深长地继续说道："人生没有白走的路，你走过的每一步都算数，所有的经历都是有意义的。"

瓜农的一席话犹如春风化雨，令洛克茅塞顿开。洛克当即决定返回都市，从头再来。5年后，他的公司遍及全国，他成了行业内呼风唤雨的人物。而那些曾经走过的弯路，也成了他人生中最美的回忆，被他视为最宝贵的财富。

3

人生路上，有很多的风景。对于很多风景，我们或者无心欣赏，或者根本就错过了，这是一种深深的遗憾。当我们为了接近一个目标，遭遇了困难，甚至付出了代价后，是否还能满心欢喜地回忆起沿途的景致？能够做到的人，不失为有智慧。

走弯路并不可怕，可怕的是我们纠结的内心，迟迟不肯释怀。谁都希望人生之路能够坦荡无阻，远离一切烦恼和痛苦。然而，我们仍然在滚滚红尘中挣扎，生命中那些源于心灵的痛苦时时折磨着我们，让我们不愿意面对，却又无法逃避。

弯路比起星光大道更有意思。面对生活中的弯路，我们需要"想得开"。且不去说那不寻常的风景,就说脚下的路,因为有了曲折,反而更考验我们的注意力和脚力,把它作为人生旅途的一次磨砺,不是很好吗? 正如品惯了茶或咖啡的人会从中品尝出甘甜和香醇,品惯了人生中的苦味的人,也能够从中品尝出快乐。

终有一天,当我们站在人生的下一个站台回望,所有曾经承受的委屈都将释然,我们会发现,那些我们所走过的弯路,正让我们学会如何应对人生,如何面对挫折,如何发挥潜能,全力以赴。走过弯路后,我们发现,是弯路让我们的人生拥有了更多的可能。

走运和倒霉,往往都是相通的

1

一场船难过后,唯一的幸存者被海水冲到一座无人岛上,他天天祈求上天保佑他能早日脱困。

然而,好多天过去了,眼前除了一望无际的大海,看不见任何营救船只前来。

后来，他决定用那些随他漂到小岛的木头造一间简陋的木屋，先生存下来。小屋终于艰难地搭成了。可是有一天，当他外出捉鱼回到小屋时，突然发现小屋竟已陷在熊熊烈火之中，大火引起的滚滚浓烟不断地向天上飘散。

他所有赖以生存的东西，都在这一场火中化为乌有。

"苍天啊！你怎么可以这样对我！"他悲痛欲绝地对着天空呐喊，泪水也止不住地流下来。

第二天一早，他被鸣笛声吵醒。"怎么回事，还让不让人睡觉！"他睁开眼，拿掉盖在身上的棕榈叶，睡眼惺忪地坐了起来，本能地朝大海上望去。

"船？"他看到一艘正在接近小岛的大船，"不会！一定是我太想看到船了，所以才产生了幻觉。哎……"他叹了口气，又躺了下来。

"嘟……嘟……"巨大的鸣笛声震得他的耳膜嗡嗡响。

"好像是汽笛声，真的有船来了？！"他一打滚坐了起来，"真的有船！真的有船！"他得救了。

到了船上，他问那些船员："你们怎么知道我在这里？"

"我们看到了你发的信号啊。"

"信号？"

"那些浓烟啊，难道不是你弄的？"

当我们身陷困境，当我们痛失心中所爱，我们会沮丧，会失望、失落、失去方向。这时,我们不妨换个思维看问题,失去未尝不是另外一种形式的获得,它让我们发现依然还有其他美好的事物存在。同时,因为失去,使得我们更加珍惜现在拥有的。

当你唯一的"小木屋"着火时,不必沉浸于悲伤、绝望中,记住这个故事,把那熊熊燃烧的火光,当成好运来临前的"信号弹"。当上帝为你关上了一扇门,必定会为你打开一扇窗。

2

很久以前,有位国王非常喜欢打猎。他在一次追捕猎物时,不幸将一截食指弄断。剧痛之余,他令侍卫召来了"智慧大臣",该人是举国公认的智者,国王想问问他对意外断指的看法。

智者在听闻了事情经过后,微笑着对国王说:"陛下,或许,这是一件好事,您应该多往好的方面想想。"

"好事? 我的手指都断了,这还叫好事? 我看你是幸灾乐祸吧!"国王很生气,他随即命令侍卫将智者关进了大牢。

很快,国王的断指伤口愈合了。他耐不住性子,又兴冲冲地带着众大臣、侍卫去丛林中打猎去了。不曾想,这次国王的运气更差,因为,他们被丛林中的野人活捉了。

依照野人的惯例,他们必须要将活捉的这队人马中的首领献祭给天神。这位首领自然就是国王了。

然而,就在祭奠仪式即将开始的那一刻,巫师发现了国王的食指是断的。依照他们部族的律例,如果献祭给天神的祭品是不完整的,势必会遭到天谴的。野人连忙把国王解下祭坛,驱逐他离开,而抓了另外一位大臣献祭。

国王狼狈不堪地逃回宫中,他在庆幸大难不死的时候,突然想起了那位被他打入牢中的智者的话。原来断指真是一件好事啊!他又命侍卫将智者从牢中放了出来,并向智者道歉。

智者依然微笑着,他原谅了国王并且再次说道:"您让臣坐牢,这也是一件好事啊!"

国王又不解了,他质问智者:"你说我断指是好事,现在看来,我愿意接受。可是,我因为误会你而把你打入牢中,这算什么好事呢?"

智者气定神闲地答道:"臣被打入牢中,这当然是好事啊!陛下您想想,如果臣不在牢中,那么,这次被抓去献祭的可能就是臣了!"

这个故事跟塞翁失马的故事殊途同归。坏事在一定条件下可以转化为好事。有时候,我们还会因为失去身外之物而得到充实丰盈的人生,懂得人生的真谛。

季羡林说:"走运有大小之别, 倒霉也有大小之别,而二者往往是相通的。走的运越大,则倒的霉也越惨,二者之间成正比。中国有一句俗话说:爬得越高,跌得越重。了解了这一番道理之后,我们要头脑清醒,理解祸福的辩证关系。"一时失去可谓是倒霉的事情,但我们应该用这种辩证思维来看待。

3

明朝杨慎所作《临江仙》一词,词云:"滚滚长江东逝水,浪花淘尽英雄。是非成败转头空。青山依旧在,几度夕阳红。白发渔樵江渚上,惯看秋月春风。一壶浊酒喜相逢。古今多少事,都付笑谈中。"

杨慎是嘉靖皇帝时期内阁大学士杨廷和之子,是当时有名的才子。但因仪礼事件,他为嘉靖皇帝所厌恶,受廷杖之后,被谪戍至云南永昌卫。本来美好的人生,坦荡的仕途就这样中断了。可以说,功名利禄自此与他无关了。

在刚开始的岁月中,杨慎有过哀怨、慨叹、愤恨不平。但是,随着日子一天天过去,他的心态反而慢慢平和下来,寄情于山水,有了充足的时间读书、画画、看书。

终其一生杨慎都没有从谷底中走出来，但据后人评价，终明朝二百多年，论文章造诣第一者，非杨慎莫属。确实，什么皇帝、什么朝堂也早都化为尘土，但杨慎和他这首《临江仙》却永远留在了人们心中。

福与祸是既对立又统一的，正所谓"祸兮福所倚，福兮祸所伏"。如果单从哲学角度去看，这则故事告诉我们要用发展的眼光辩证地去看问题：身处逆境不消沉，树立"柳暗花明"的乐观信念；身处顺境不迷醉，保持"死于安乐"的忧患意识。

相信只要在得失祸福中有过大起大落的人都会了解，一个人为外部环境的变化所牵绊得太多就会失去生活的真谛，忘记自己原本需要怎样的生活，因此想要获得幸福，首先要拥有一个平和的心态，懂得祸福相依的道理。

你不是被别人淘汰，
而是被自己"混"垮

你可能没有意识到，你正在懒懒散散地混日子，你却认为自己在"简单而快乐地生活"。其实，很多变化一直通过细微的事情发生着。

拖延,正在消耗生命中余下的时光

1

深夜,医院,ICU病房内。

一名癌症患者迎来了他生命的最后一刻,死神如期来到他的身旁。

弥留之际,他祈求死神再给他一分钟时间。

死神问:"你要这一分钟做什么?"

他说:"我要再看一次天和地,想想我的家人、朋友甚至敌人,听听鸟鸣或者树叶落地的声音。或许,我还有机会看到一朵美丽的鲜花盛开。"

死神说:"你的想法的确不错,但是我不能答应你。因为这一切,我留了足够多的时间给你欣赏,然后你并没有珍惜。不信,你看我给你列的这一份账单:

"你60年的生命中,你有一半时间在睡觉,这不怪你,这30年权且算是我占了你的便宜。

"在余下的30年中,你叹息时间过得太慢的次数一共是1万次,平均每天一次,这其中包括你少年时代在课堂上、青年时期在约会的长椅上、中年时期下班前和壮年时期等待升迁的仕途上的叹息。在你的生命中,你几乎每天都觉得时间太慢、太难熬,你也因此想出了许许多多排遣无聊、消磨时间的办法,其明细账大致可罗列如下——

"打麻将(以每天2小时计),从青年到老年,你一共耗去了6500小时,折合成分钟是39万分钟。

"喝酒,每顿以1小时计(实际远不止这个数字),从青年到老年,也不低于打麻将的时间。

"此外,同事之间的应酬,上班时间闲聊,上网玩游戏,又耗去你不低于打麻将和喝酒的时间……

"还有……"

死神想继续往下念的时候,发现病人的生命之火已经熄灭了,于是长叹一口气说:"如果你活着时,能想着节约一分钟的话,你就可以听完我给你记下的账单了。真可惜,我还没能讲完呢,世人怎么都是这样,总等不到我动手,就后悔地死了!"

人们常说时间就是金钱,其实时间比金钱更为宝贵,因为金钱失去了可以再挣回来,而时间失去后便永远找不到它的踪影了。

2

有一个著名的美国将领名叫乔治·布林顿·麦克莱伦。他曾是西点军校优等生。科班出身的他善于充分准备,在南北战争时期,由于系统改造了北方军队的后勤使他名声大噪,最后被提拔为北方军总司令,还被誉为"小拿破仑"。

可是,麦克莱伦在上任后屡次被"不打无准备之仗"的理念所拖累。他多次以准备不充分为由拒绝进攻而与总统闹僵,由于过分谨慎不愿追击,他多次丧失胜利的机会。

1862年安提坦关键战役中,有一个绝佳的机会可以夺取里士满,这场战役将影响到南北战争的走向。可是麦克莱伦再度踌躇不决,最终在兵力两倍于敌军的情况下错失全歼南方军队的机遇,战争因此又被拖延了三年才宣告结束。

这一切摧毁了军政界对麦克莱伦的信任,最终使他被解除军职。

他永远都在请求林肯给他新的武器,永远觉得缺乏足够的士兵,装备永远不够精良,士兵们永远都没有做好最充分的准备。

林肯曾抱怨"如果麦克莱伦将军不想好好用自己的军队,我宁愿把他们都借给别人"。联邦军总将军亨利·哈列克则认为他"有一种超越任何人想象的惰性，只有阿基米德的杠杆才能撬动这个巨大的静止"。

可见，严谨、一丝不苟的准备有时是不能应付风云突变的战局的。在激烈的变化中完美主义往往显得不合时宜，这也是导致拖延的一个重要心理因素。

拖延者喜欢被动地制造借口来取代合理的行动，还喜欢制造借口来为拖延分辩，或者把它掩饰过去。拖延，是时间的窃贼，它还会损坏人的品格，浪费好的机会，剥夺人的自由，使人成为它的奴隶。

拖延会让你变成一个厌倦生活的人。你看着压在案头的工作生无可恋，你对日渐发胖的身躯束手无策，甚至，你对生活多年的城市都心生厌倦。你在碌碌无为中日复一日，年复一年，你想挣扎，却又无法自拔。一边渴望，一边绝望，这一切的罪恶之源，很可能正是拖延。

3

有个年轻人，他因为工作效率低，始终得不到上级的器重，甚至一度被列入裁员名单。年轻人看不到希望，也不知道从哪里去改变自己。于是，他决定去请教著名的小说家瓦尔特·司各特。

一天早晨，年轻人来到瓦尔特·司各特家里，他有礼貌地请教道："司各特先生，作为一个全球知名的作家，您每天有那么多工作要做，可是一天的时间就那么多，您是如何安排自己的时间，把工作处理得井井有条并最终走向成功的呢？"

瓦尔特·司各特并没有立刻回答年轻人的问题，而是亲切地问道："年轻人，你今天的工作完成了吗？"年轻人摇摇头："现在还是早上呢，我的工作还没有开始。"瓦尔特·司各特微微一笑，说道："你可知道，我今天的工作已经全部完成了。"

年轻人感到莫名其妙，瓦尔特·司各特解释道："你一定要摒弃那种干扰自己正常完成工作的习惯——我指的是拖延的习惯。要做的工作马上去做，待工作完成后再休息，切不可在完成工作之前先去玩乐。对于成功来说，态度和能力同样重要！"

年轻人茅塞顿开，他回想起自己的过往感到异常羞愧，在拜谢过瓦尔特·司各特后便匆匆离开了。此后，他改变了拖延低效的工作态度，一年后，他成为公司的一名高管。

古人说得好：一寸光阴一寸金，寸金难买寸光阴。一切有远大志向的人都深深懂得时间的可贵，他们从来不会把事务拖延到一起去集中处理。他们总是能够和拖延心理说不,做到今天的事情今天完成,坚持不让今天的事情"过夜",因为他们知道,拖延就是对自己的生命不负责任。

一日有一日的理想和决断,昨日有昨日的事,今日有今日的事,明日有明日的事。今日的理想,今日的决断,今日就要去做,一定不要拖延到明日,因为明日还有新的理想与新的决断。

一刹那的胆怯,就放走了好运

1

年迈体衰的狮王决定从三个儿子中选出一名继承人。

一天,狮王把三个儿子叫到跟前说:"在我心里,你们兄弟三个都很聪明、善良,谁都有资格继承王位,但是,王位只能传给你们其中一人,所以,我决定采取竞赛的方式,你们公平竞争,由最终的胜者来继承我的王位。"

三个儿子都同意了狮王的决定。

次日,狮王在一众大臣的簇拥下,带着三个儿子来到一处悬崖边，说："我的王冠就放在这处悬崖的底部，你们谁敢首先从这里跳下去，王冠就属于谁。"

三个儿子当即惊呆了，因为它们从小就接受过父王这样的训诫："千万不可以到悬崖边去玩耍，如果不小心掉下去，定会摔得粉身碎骨！"

"父王，能否换个竞赛方式，这样跳下去必定尸骨无存啊，您会失去我们的。"狮王的大儿子跪在地上，战战兢兢地说。

"放肆！"狮王有几分恼怒了。

"父王，我自愿退出比赛，放弃王位。"二儿子说完，瘫倒在地。

"唉！"狮王看着地上的两个儿子，禁不住失望地长叹一声。

"父王，我愿意。"三儿子说完，朝狮王跪拜了三下，便纵身跃下深不见底的悬崖。一天后，狮王的小儿子手捧王冠回到了王宫。原来，悬崖的下面，狮王早已命人垫上了一层厚厚的干草，它此举只是为了试试儿子们的胆量而已。

每个人都有懦弱的一面，但不同的是，智者能够战胜内心深处的懦弱，获得向上的精神动力。勇敢是每一个人都需要的品质。在困境面前，能够克服自己的懦弱，勇敢地迎接挑战，才能获得命运的青睐。

2

美国著名的推销员弗兰克说:"如果你是懦夫,那你就是自己最大的敌人;如果你是勇士,那你就是自己最好的朋友。"对于一个胆怯的人来说,任何事情在他眼中都是不可能的。就像是一个采撷珍珠的人,如果总是害怕海中的鲨鱼,怎能得到名贵的珍珠呢?

我们可以想象,一个人被懦弱蒙住了心灵的眼睛,看不到前面的路,更看不到前方的风景,是一件多么痛苦的事啊! 正如法国著名的文学家蒙田所说:"谁害怕受苦,谁就已经因为害怕而在受苦了。"道理很简单,如果我们总是害怕某种情况的出现,其实就已经生活在恐惧的威胁下了。

那些获得成功的人们, 如果当初在一次次人生的挑战面前,因恐惧失败而退却,放弃尝试的机会,则不可能有所谓成功的降临。没有勇敢的尝试,就无从得知事物的深刻内涵。如果他勇敢地去做了,即使失败,也能获得宝贵的体验,从而在命运的挣扎中变得愈发坚强,愈发有力,愈发强大。

3

诺贝尔一生致力于炸药的研究,共获得技术发明专利355项,并在欧美等五大洲20个国家开设了约100家公司和工厂,积累了巨额财富。

炸药的研究发明工作是最具危险性的,诺贝尔为此付出了不小的代价。1864年9月3日,"轰"的一声巨响,从诺贝尔研究液体硝化甘油的实验室中发出爆炸声。在这次事故中,诺贝尔的5名助手和他的弟弟被当场炸死,而诺贝尔本人虽然侥幸逃过此劫,但他的一只耳朵被巨响震聋了。

面对失败,诺贝尔并没有退缩,反而更加坚定了他坚持到底的决心。他把实验地点选到了位于郊外的马拉湖上的一艘平底船上,并把所有的设备搬到了那里继续他的研究工作。

风险与成功并存。终于有一天,"轰"的一声巨响,惊天动地,实验室笼罩在滚滚浓烟中。许多人闻声赶来,惊恐地叫道:"诺贝尔完了!诺贝尔完了!"

正当人们惊魂未定时,诺贝尔却从烟雾弥漫的瓦砾堆中爬了出来,只见他满身灰尘,鲜血淋漓。他一跃而起,用血污的手指指着破碎的衣服,高兴得热泪盈眶。他狂呼:

"我成功了！我成功了！"

这就是诺贝尔完成的第一项具有划时代意义的发明,即"诺贝尔专利炸药",又称硝化甘油炸药。这一发明取得了瑞典、丹麦、英国等多个国家的专利证书。

1866年10月,经过上百次的失败后,诺贝尔终于制成了命名为"达纳炸药"的黄色固态炸药。"达纳"一词在希腊语中是"强力"之意。他在柏林东郊进行了黄色炸药的公开试验,并大获成功。随后,诺贝尔以他矢志不渝的精神研制和发明了雷汞炸药、安全炸药、无烟炸药等多种炸药,为人类的进步做出了重大贡献。

1895年11月27日,诺贝尔立下了一个独特的遗嘱,把自己一生的积蓄捐献出来当作基金,将其利息作为奖金,每年奖给世界上对物理、化学、医药学、文学和促进世界和平有特殊贡献的人。后来,该基金又增加了经济学奖。这就是令很多科学家向往的"诺贝尔奖"的由来。

人的一生会遇到各种风雨坎坷,这些其实都是对勇气的考验。那些敢于面对困难、充满勇气的人,才能冲出风雨见彩虹;而失去了勇气的人,则只能选择依附于别人。

一个具有勇气的人,展示给别人的是乐观、不屈不挠以及面对问题积极思考的奋发精神。这样的人,会散发出强大的气场,会受到别人的喜爱和尊敬。

所有的偷懒都是慢性自杀

1

俗话说"种瓜得瓜,种豆得豆",天下没有不劳而获的东西,也没有唾手可得的成功。想体会成功的喜悦,就必须有长久的付出与持续的努力。

"一分耕耘,一分收获"的道理是亘古不变的。在通往成功的道路上,很多人都渴望获取捷径,希望付出最少的努力获得最大的收益,事实上,这是不可能的事情。

有一个流传在民间的故事,说是有个青年,在他20岁的时候,因为不堪忍受饥饿,不幸离世。

阎王从生死簿上查出,这个青年本应该可以活到60岁的,而且,他此生还会有1000两黄金的福报,没理由年纪轻轻就因饥饿而死。

阎王心想:"该不会是财神把这笔钱贪污掉了吧?"于是阎王把财神召来质问。

财神说:"我看这个青年命格里的文才不错,如果他写文章必定会飞黄腾达，所以，我把1000两黄金交给文曲星了。"

阎王又把文曲星叫来问。

文曲星说："这个人虽然有文才，但是他生性好动，静不下心来做文章，恐怕不能靠文才发达。我看他武略也不错，如果走武行应该会更有前途，就把1000两黄金交给武曲星了。"

阎王再把武曲星叫来问。

武曲星说："这个人虽然文才武略都不错，却非常懒惰，我担心他无论从文还是从武都很难拿到黄金，只好把1000两黄金交给土地公了。"

阎王只能接着把土地公叫来问。

土地公说："这个人实在太懒了，我怕他拿不到黄金，所以把黄金埋在他父亲从前耕种的田地里。从家门口出来，如果他肯挖一锄头就能挖到黄金。可惜啊，从他父亲死后，他连锄头拿都没拿起过，就这样活活饿死了。"

最后，阎王大笔一挥，判了"活该"两个字，然后把1000两黄金充公了。

中华民族自古就有勤劳自律的传统，崇尚勤奋、反对懒惰，正因如此，才创造了我们宝贵的精神文明与物质文明。懒惰就像毒品，一旦沾染便容易上瘾。它严重地消磨你的斗志,腐蚀你的进取心,让你无所事事、停滞不前。

这个世界能轻而易举毫不费力做到的,只有贫穷和衰老,其他,都需要努力。

2

大诗人杜甫与李白齐名,但是,小时候的杜甫与同龄的小孩相比,资质并不高,甚至还略显愚钝。

杜甫的爷爷杜审言曾经中过进士,是一位博学多才之人。由于杜甫的爸爸资质不高,无法继承杜审言"诗书传家"的事业,杜审言便将厚望寄托在了孙子杜甫身上。

但是,事与愿违,杜甫继承了其父不高的天资和不太灵光的脑子。五岁的杜甫甚至不能背诵出一首短诗,而与他年龄相仿的许多小孩都能背诵十首以上的短诗。尽管爷爷日日伴读,但杜甫的提高也是非常有限。终于有一天,爷爷的耐心到达了极限,他很生气地斥责杜甫天资愚笨,没有继承到他的半点才学。

受到训斥的杜甫心里非常难过,但他并没有因此而灰心丧气。他决定用苦读的方式来提高自己的阅读和背诵能力。此后,每天天刚蒙蒙亮,杜甫便早早起床,来到院子里开始背诵诗歌。

刚开始自学的杜甫感到十分吃力,一首短诗阅读多遍都无法理解其中的含义,他便选择死记硬背,他认为背得多了,理解能力应该会有所提升。果不其然,当杜甫将整个身心都投入到阅读和背诵诗歌后,他发现自己对诗歌的领悟能力和记忆能力都有很大的提升。不久之后,他在一天内就能理解并且记住五首诗。这让全家人都惊诧不已,开始感慨这孩子超强的理解能力和记忆力。如此坚持一年之后,杜甫便能将300多首诗背得滚瓜烂熟,并且还常常将一些喜爱的诗歌默写下来以增强记忆。

12岁的杜甫,成了家乡远近闻名的神童。杜甫"神童"的荣誉,并不是与生俱来的,而是通过他自己后天的努力得到的。这正好印证了那句话:天才,是一分的天赋加上九十九分的努力。

据说哈佛大学的图书馆昼夜开放,即便凌晨4点也会有很多人在那里学习。在他们看来,一生实在太过短暂,想要探究更多的真理,就需要付出加倍的努力,珍惜每一分每一秒。所有人都应该为了更好的生活而奋斗,可以是物质生活,也可以是一种精神境界,无论是哪一种,都需要你遏制懒惰的因子,这样才能为自己创造出一个别样的世界。

3

美国著名作家杰克·伦敦出生于旧金山一个破产农民家庭,因为家境贫困,他的童年生活充满了艰辛。他当过报童、码头工人、水手、麻织厂小工,他四处流浪,打架酗酒,甚至还做过盗贼,是个十足的问题少年。然而,他一直没有忘记读书。从《鲁滨孙漂流记》到《天方夜谭》,从福楼拜的《包法利夫人》到托尔斯泰的《安娜·卡列尼娜》,从荷马到莎士比亚、从赫伯特·斯宾塞到马克思等人的著作,他都如饥似渴地读着。酷爱读书的习惯一直影响着他。

随着年龄的逐渐增长,他一天中最多的读书时间甚至达到了15小时。他决定停止以前靠体力劳动吃饭的生涯,开始以写作为谋生方式。

他怀着成为一名伟大作家的梦想,不分昼夜地读书、写作,他一遍又一遍地读《金银岛》《基督山伯爵》《双城记》等书,之后就围绕自己的经历开始创作。他每天写5000字,也就是说,他可以用20天的时间完成一部长篇小说。他有时会一口气给编辑们寄出30篇小说,但它们统统被退了回来。

1900年,杰克·伦敦的第一本小说集《狼子》出版,立即为他赢得了巨大的声誉和相当优厚的收入。应美国新闻社的委派，他去非洲采访布尔战争，到了伦敦，新闻社中途改变了计划，来电不要他去了。这时他却以美国水手的身份到伦敦贫民窟中住了三个多月，深入那里的生活，做了详细调查，取得了第一手资料，回国后出版了报告文学《深渊里的人们》。这本书让他在美国社会主义者中名声大振。

正所谓"九分汗下，一分神来"，杰克·伦敦的经历告诉我们：无论古今中外，一个人知识的多寡以及他日后所能取得的成就，和他的勤奋程度永远是成正比的。试想，如果杰克·伦敦心甘情愿当个懒惰的小混混，他绝对不会成为享誉世界的著名作家。

勤奋是到达卓越的阶梯。如果你是一名懒惰者，那么，你就永远不会和卓越有任何关系。古罗马有两座圣殿：一座象征勤奋，另一座象征荣誉。若想到达荣誉的圣殿，必须要经过勤奋的圣殿。勤奋是通往荣誉的必经之路。也有人试图绕过勤奋的圣殿获得荣誉，但终被拒之门外。

脚踏实地，找到自己的"燃点"

1

成功离不开目标，但成功的最佳目标往往不是最有价值的那个，而是最有可能实现的那个。在制订目标时，我们不能贪大求多，而要根据自身的条件，尽量合理地制订最切合实际的目标，也就是说目标要和自身情况相匹配，否则不但不会成功，还会让过高的目标压得自己喘不过气。

一个青年在大学毕业后，曾豪情万丈地为自己树立了许多目标，可是几年下来，青年却一事无成。青年找到远近闻名的智者讨教。

智者正在河边的小屋读书，他微笑着听完青年的倾诉，对青年说："来，你先帮我烧壶开水。"青年看见角落里放着一把极大的水壶，旁边是一个小火灶，可是没发现柴火，于是便出去找。青年在外面拾了一些枯枝回来，然后将满满一壶水放在灶台上，在灶内放了一些柴火便烧了起来，可是由于壶太大，那捆柴火烧尽了，水也没烧开。

于是青年又跑出去继续找柴火，回来时那壶水已经凉得差不多了。

青年思索了一下,这回他学聪明了,没有急于点火,而是再次出去找了更多的柴火。由于柴火准备得充足,水不一会儿就烧开了。

水沸腾后,智者问青年:"如果没有足够的柴火,你该怎样把水烧开呢?"青年想了一会儿,摇摇头。

智者说:"你不妨试着把水壶里的水倒掉一些。"青年若有所思地点了点头。

智者接着说:"你一开始踌躇满志,树立了太多的目标,就像这个大水壶装的水太多一样,而你又没有足够的柴火,所以不能把水烧开。要想把水烧开,你要么先去准备好足够的柴火,要么少盛一些水。"

青年顿时大悟。

回去后,他把计划中所列的远大目标划掉了许多,重新制订了一些眼前的小目标,同时利用业余时间学习各种专业知识。

几年后,他的目标基本上都实现了。

这个故事告诉我们:目标不在高远,而在切合实际,只有删繁就简,从最近的目标开始,才会一步步走向成功。

2

有两个人一同到湖泊中钓鱼,他们都自诩钓鱼高手。

在钓鱼前,两人都表现得非常自信。

甲说:"我一定要钓上一条大鱼来。"

乙说:"相信,我也一定能够做到。"

是的,他们都想钓到大鱼。但事与愿违,一天过去了,看看他们的鱼篓中,钓上来的尽是小鱼。

甲长叹一声,将鱼全部倒入池塘,空手而归。

乙则将鱼带回了家,放到自家的池塘中,养了起来。

三年后,小鱼长成了大鱼。

甲大为不解,问道:"你是怎么做到的?"

乙意味深长地说:"是的,我们每个人都想钓大鱼,但别忘了,大鱼是由小鱼长成的。做事也是一样,不能想着一步登天,立刻做成什么大事,而是要想着如何通过细节、通过小事来一步步地做成大事。"

后来,他们都得知了这样一个实情:三年前,他们钓鱼的地方仅是一个新建的人工湖,那里面根本没有大鱼,有的只是刚撒进去的鱼苗。

"难怪当年我钓不到大鱼。"甲自我安慰道。

"然而,我已经钓到了大鱼。"乙心满意足地说。

此刻,再看看他们两个人的人生现状:

第一个人小事不去做,大事做不了,生活落魄。

第二个人善于积累小事,敢于成就大事,最终成为社会上的精英人士。

面对大目标很多人认为遥不可及,其实,大目标的实现不过是由一个个小目标的实现来完成的。把一件件小事做好,就是在一步步地把大事做好。

3

宏伟蓝图自然是具有无穷魅力的,但它往往并不是唾手可得的。若试图一下去实现宏伟蓝图,无异于想在一天之内建造出一座罗马城,给自己徒增繁重压力的同时,也让简单的问题复杂化了。就像山田本一说的那样,若是将所有的目标都摆在心里,那么你就会被压得无法喘气,更不要说轻装上阵了。

1984年,在东京国际马拉松邀请赛中,名不见经传的日本选手山田本一出人意料地夺得了世界冠军。当有人问他取得冠军的秘诀时,他说了这么一句话:凭智慧战胜对手。

当时许多人都认为山田本一是在故弄玄虚，他的夺冠应该是一次偶然。他们都认为马拉松是一项考验体力和耐力的运动，夺冠靠的是优秀的身体素质、超强的耐力，当然，爆发力与速度也非常重要。可是，要说马拉松是靠智慧取胜，这真的难以让人信服。

两年后，意大利国际马拉松邀请赛在米兰举行，山田本一再次代表日本参赛。这一次，他又获得了世界冠军。记者在采访他的时候请他介绍比赛经验。山田本一性情木讷，不善言谈，回答的仍是上次那句话：用智慧战胜对手。

10年之后，这个谜底终于被揭开了。山田本一在自传中是这么写的："每次比赛之前，我都要乘车把比赛的线路仔细地看一遍，并把沿途比较醒目的标志画下来，比如第一个标志是银行；第二个标志是一棵大树；第三个标志是一座红房子……这样一直画到赛程的终点。比赛开始后，我就以百米冲刺的速度奋力地向第一个目标冲去，等到达第一个目标后，我又以同样的速度向第二个目标冲去。40多公里的赛程，就被我分解成这么几个小目标轻松地跑完了。而很多人，他们的目标一开始就太过完美，太过遥远，所以跑了一段路程后就跑累了，也就慢慢没信心了。"

人生无论是长久的计划，还是宏伟的目标，都绝非是一蹴而就的，它是一个不断积累的过程。而一个个具体计划，就是人生成功旅途上的里程碑、停靠站，每一个"站点"都是一次评估、一次安慰和一次鼓励。只有把每一小段的目标都可视化，才不至于让自己的理想成为海市蜃楼。

4

刘伟大学时的专业是企业管理，他从高考填报志愿时就有个梦想：等毕业后创办一家公司，自己当老板，成就一番轰轰烈烈的事业。

毕业后，由于缺乏启动资金，他不得不面对现实，和其他应届毕业生一样，涌入了求职者大军。他心想，凭借自己在学校的成绩，即便是给别人打工，也必须找一个高管的职位，担任类似部门主管、总经理助理的工作。

可是，刘伟在给多家需要招聘类似岗位的公司投去简历后，都如石沉大海，杳无音信。总这样耗着也不是办法，于是，他降低了标准，想找个中层管理干部的职位，如车间主任、科室组长之类。同样，一晃小半年过去了，眼看着同学们陆续都开始拿工资了，而他却依然在四处找工作。

想在"钢铁森林"中活下来，必须得先填饱肚子啊。刘伟不得不抛弃之前的执念，"降低身段"，终于找了一份办公室内勤的工作。主要工作内容是分发报纸、端茶倒水、接听电话、会议记录等日常性杂活。

他一边为了糊口工作着，一边为了理想与现实的差距而沮丧着。在一个周末，他去了大学的班主任老师家，把自己半年来找工作的经历，还有目前工作上的苦恼，跟班主任倾诉了一通。班主任听完刘伟的诉苦，微笑着对他说："有理想是好事，但是理想要切合实际，不要定得过于遥远。就你现在的情况，有些理想你是抓不住的，当下最明智之举是，抓住离你最近的理想，然后一步步脚踏实地地奋斗，渐渐地向最遥远的理想靠近。"

班主任的话给了刘伟很大启发。第二天，刘伟到了单位后仿佛像换了一个人，彻底转变了工作态度。半年以后，因为工作认真，他被抽调到销售部。又过了不久，由于业绩突出，刘伟一步步成为销售部经理、主管销售的副总经理。就这样，短短五年后，刘伟积累了自主创业的经验和启动资金，终于创办了一家属于自己的公司。

世界上大多数人都是平凡人，但大多数平凡人都希望自己这辈子能成为不平凡的人。梦想成功，梦想才华获得赏识、能力获得肯定，拥有名誉、地位、财富。不过，遗憾的是，真正能做到的人，似乎总是少数，因为，他们都在不经意间就陷进了好高骛远的泥潭里。

当我们拥有一个伟大的梦想时,我们必须将这个梦想具体量化成为一个远期目标,然后将远期目标分解成长期目标,再将长期目标分解为中期目标,之后将中期目标分解为短期目标,从年、月、周,最后分解到具体每天要做些什么事情上。然后,通过每天持之以恒的行动去实现一个个小目标,我们的短期目标就会实现。接下来是中期目标、长期目标、远期目标。而最终的远期目标就是我们最初的梦想,因此我们也就实现了自己的梦想。

想改变世界?先从整理房间开始吧

1

没有人可以一步登天,如果你能够认真地对待每一件事,把每一件平凡的小事做到极致,那么,无形之中你已经成就了不平凡。

古人云:"一屋不扫何以扫天下。"其实,大多数人并没有真正地理解这句话。

峨山禅师是白隐禅师晚年的得意门生,他不仅能非常深刻地领悟禅理,而且在回答别人的问题时能够随机应变,颇有白隐禅师当年的风范。

随着岁月的流逝,峨山禅师也渐渐老去。但是许多事情,他依然亲力亲为。

有一天,他在庭院里整理自己的被单,累得气喘吁吁。一个人偶然看到了,奇怪地问:"这不是大名鼎鼎的峨山禅师吗?您德高望重,有那么多的弟子,难道这些小事还需要您亲自动手吗?"

峨山禅师微笑着反问道:"我年纪大了,老年人不做点小事,还能做什么呢?"

那人说道:"您可以念经、打坐呀!那要轻松多了。"

峨山禅师露出不满的神色,反问道:"你以为仅仅只是念经、打坐才叫修行吗?那佛陀为弟子穿针,为弟子煎药,又算什么呢?做小事也是修行啊!"

那人面露愧色,因而了解到生活中处处有禅。

正如峨山禅师所言,做小事也是修行,也是参禅必不可少的法门。当然,做事情也是如此。徒有凌云之志而不愿从小事情做起,那么,再美好的愿景也只是空中楼阁。

2

我们每个人所做的工作，都是由一件件微不足道的小事组成的，但我们不能因为它小就忽视它。很多时候，一件看起来微不足道的小事，或者一个毫不起眼的变化，就能起到关键的作用。

法拉第出生于英国萨里郡纽因顿一个贫苦铁匠家庭，迫于生计，他很小便到一个书商兼订书匠的家里当学徒。在当学徒期间，他常常会利用空闲时间去听当时誉满欧洲的化学家戴维的报告，并认真记录。回家后，他把自己的记录悉心整理，然后装上羊皮套封，再邮寄给戴维。

法拉第的热忱与用心，吸引了戴维的关注，戴维约他见面。

面谈中，法拉第表示很想在戴维的实验室找份工作，可是戴维却拒绝了他，说："你年纪不小可是却没受过什么正规教育，可能装订车间更适合你！"这无异于给法拉第当头泼了一瓢冷水。

若是一般人，被拒绝到这般地步，估计就再无想法了。法拉第则不然，他对戴维表示，可以先从杂工干起。戴维被他执着的精神所打动，最终录用了他。

就这样，法拉第从普通的勤杂工干起，一步一步终于当上了实验室助手，并有了一系列的创造发明，1831年10月28日法拉第发明了圆盘发电机，是人类创造出的第一个发电机。由于他在电磁学方面做出了伟大贡献，被世人称为"电学之父"和"交流电之父"。

"要成就大事必须先做小事"，没有人可以一步登天。如果你能够认真地对待每一件看似平凡的小事，那么你的人生将会丰富而精彩，它在日积月累之中，会在某一个不经意的时刻，推动着你走向伟大。

3

西方文艺复兴时期的伟大画家达·芬奇的名作《最后的晚餐》至今享誉世界。可是，《最后的晚餐》是怎么画出来的，却很少有人知道。事实上，达·芬奇前半生一直际遇坎坷，怀才不遇，30岁时他投奔到米兰的一位公爵的门下，希望能给自己创造一些人生机会。他去了几年一直默默无闻，也没有什么重要的事情做，他的画也没有得到公爵的赏识，但是他自己一直没有丧失信心。他始终在自己简陋的画室里执着地画着。

不久，公爵来找他，让他去给圣玛丽亚修道院的一个饭厅画装饰画。这是一件无足轻重的活计，一个普通的三流画家就可以完成，而且似乎也没有必要在一个饭厅的墙壁上下真功夫。但是，达·芬奇却不这样认为，他从来也没有敷衍了事地画过一幅画，即使是习作。达·芬奇倾尽了自己所有的才华，日夜站在脚手架上作画。

一个月以后，饭厅的装饰画画完了，很有鉴赏力的公爵立刻意识到这是不可多得的杰作。他立刻找来米兰的那些大画家，请他们看看达·芬奇的这幅作品。结果，前来的画家无不对画作杰出的构思和大胆的用色惊叹不已。

世界上不朽的名画《最后的晚餐》就这样诞生了，名不见经传的圣玛丽亚修道院因此而声名鹊起，没有什么名气的达·芬奇也从此为人所熟知。

西方有一句格言："时间和耐心能够把桑叶变成云霞般的彩锦。"我们很多人之所以一事无成，是因为我们总是把那些发生在身边的日常小事看得无足轻重，总期盼着有一天去做一件惊天动地的大事，一举成名天下知。可是事实上，这种大事件仅仅发生在极个别的人身上和极个别的时刻。在我们的生活中，时刻发生着的，都是那些很不起眼的小事情，正是这些微不足道的小事情构成了我们的人生。

4

在美国,有这样一个人,他的父亲是一名油漆工,收入微薄。父亲起早贪黑、含辛茹苦,终于供他念完高中。这一年,他被耶鲁大学录取。但是,高昂的学费却似乎要断送了他的大学梦。为了挣够学费,他决定利用假期,像父亲一样外出做油漆工。

他不辞辛苦、四处揽活,终于,他接到一所大房子的油漆工作。虽然主人的要求有些挑剔,但是幸好工钱给的不低,这间房子的油漆工作完成后,不仅可以缴清第一学期的学费,甚至还有富余可以作生活费。

这一天,眼看着即将完工了。他将拆下来的橱门板放好,准备最后再刷一遍油漆。橱门板刷好后,再支起来晾干即可。但就在这时,门铃突然响了,他赶忙去开门,却不小心将一把扫帚绊倒了,倒下的扫帚又碰倒了一块橱门板,而这块橱门板又正好倒在了昨天刚刚粉刷好的一面雪白的墙壁上,墙上立即出现了一道清晰可见的漆印。于是,他立即动手把这道漆印用刀刮掉,又调了些涂料补上。等墙面被风吹干后,他左看右看,总觉得新补上的涂料色调和原来的墙壁不一样。想到那个挑剔的主人,为了那即将得到的酬劳,他觉得应该将这面墙重新粉刷一遍。

终于，他认认真真地把活儿做完了，可没想到的是，第二天一进门，他又发现昨天新刷的墙壁与相邻的墙壁之间的颜色出现了一些色差，而且越是细看越明显。最后，他决定将所有的墙壁再次重刷……

最后，就连那个挑剔的主人也对他的工作很满意，付足了他的酬劳。

后来，一个偶然的机会，屋主的女儿不知怎么知道了事情的原委，便将事情的始末告诉了她的父亲。她父亲知道后很是感动，在女儿的要求下，同意资助他上完大学。大学毕业后，这个年轻人不但娶了这个屋主的女儿为妻，而且还进入了这个屋主的公司。十多年以后，他成了这家公司的董事长。他就是沃尔玛零售超市的创始人——萨姆·沃尔顿。

成功是一种习惯。成功者大都相信这样一个道理："成功是把许多小事做好所得到的报偿。"的确，成功，人人都向往，但成功却不属于每一个人。小事，人人会做，但小事并不是所有的人都能坚持去做，还有人会因为事情太小而不愿意去做或者抱有一种轻视的态度。

事实上，所有的成功者都是这样一种姿态，面对生活中的简单的小事，他们做得更细致到位，更无怨无悔，更坚定不移。

NO.6

苦练七十二变，
笑对八十一难

一切恐惧都源自你的弱小和懒惰。孙悟空什么都不怕，因为他在弱小时，就狠下决心苦练功夫。你能狠下心去苦练绝技吗？只有在磨难来临之前提前做好完美的应对准备，才能在灾难真正来临之际，从容不迫、运筹帷幄。

"没有功劳，也有苦劳"的
评价标准已经过时了

1

　　古罗马皇帝哈德良手下有一位将军，跟随皇帝长年征战。这位将军一直觉得自己应该得到晋升，终于有一天，他按捺不住，跑到皇帝面前说出了自己的诉求。

　　"陛下，我应该被提拔到更重要的领导岗位。"他说，"因为我具备丰富的战斗经验，先后参加了10次重要战役。"

　　哈德良皇帝是一个对人才有着很高判断力的人，他并不认为这位将军有能力担任更高的职务。于是，他随意指着拴在周围的战驴说："亲爱的将军，好好看看这些驴子，它们至少参加过20次战役，可它们仍然是驴子。"

　　这个故事告诉我们，经验与资历固然重要，但这并不是衡量能力的真正标准。有些人可能在一家公司待的时间很长，付出的辛劳也很多，但由于他们不求上进，只是日复一日、年复一年地重复自己习惯的工作方式。他们在某些工作技能上固然很"熟练"，但这种"熟练"的重复却激发了惰性,阻碍了心智的成长,扼杀了真正的责任感和创造力。

这就是所谓的劳苦未必功高。那么究竟怎么做才能赢得领导的赏识? 答案是:用最短的时间,做出最耀眼的成绩。

现代企业越来越讲究效率和效益, 企业要想生存发展,关键要树立"结果意识",以杰出绩效为工作的最终目标。老板们普遍重视有杰出绩效的员工,职场没有功劳本,只有成绩单。

2

一群人在大海里航行,突然狂风大作,迷失了方向。每个人的生命就像那海草,随风飘摇。在这些人当中,有两个人知道正确的航向,应该往西。

第一个人立马斩钉截铁地说出了自己的观点。但是,其他人都误认为应该向东。在性命攸关的危急时刻,大家都乱了套,都不相信这个人的意见。于是,第一个人就和其他人激烈地争执起来。最终结果是,这个人被失去理智的众人一起扔进了大海。船继续在大海里向东航行。另外一个知道方向的人也假装认为应该向东, 因为如果不这样做,他的命运很有可能会和第一个人一样,葬身大海。但是,他必须想一个办法矫正船的方向,否则继续向东的话也将是死路一条。于是,这个人试图慢慢地取得大家的信任。他告诉众人，他曾经是一名水手，有着丰富的海上航行经验，所以应该由他来掌舵。大家不约而同地答应了。

船继续向东航行，但是，这个人在船每航行一段距离时就把方向稍微调整一点，所有人都没有察觉到。在船兜了一大圈之后，方向终于变到了朝向西方。最终，大家在不知不觉中到达了西面的陆地。这个时候，这个人才慢慢地告诉大家真相，大家把他当作救命恩人。

这就是方法的重要性。第一个人由于太死板，结果葬身大海。第二个人灵活地运用了方法，成了大家的救命恩人。所以，无论做什么事情，方法很重要。

我们有句古语，叫作"书读百遍，其义自见"，其实不然，如果你用眼睛读书，即使读一千遍一万遍也无法领悟文字中的精妙，何况是一百遍？但如果你用心用脑子去读书，即使你只读一遍，书中所云你也会了然于胸。可是，不少人却习惯重复，重复已看过一百遍的单词，重复已看过一百遍的公式，重复已看过一百遍的题目。像小和尚念经似的有口无心，依旧记不住单词，依然不会运用公式，依然解不开题目。

所以，做事情要讲究方法，只有方法对了才能事半功倍。

3

"四两拨千斤"是传统武术中的一个名词,意思是用小力胜大力之意,其中的诀窍当然是"巧"字。抓住最佳的地方,巧妙地用力;抓住最佳的时机,巧妙地拨动,自然可以将本来很难对付的东西,轻易地"啃掉"。

美国福特汽车的创始人福特,也是一个高效能和方法论的倡导者。他被誉为"把美国带到流水线上的人",是一个酷爱效率的天才。他对绩效、结果一向高标准严要求,他总是对手下们说:"工作一定要有更好的结果,工作一定要有更高的效率!"

应该如何提高效率?说白了就是不做无用功,你必须"揪出"那些阻碍效率提高的种种问题,并彻底地把它们消灭掉。我们只知道埋头苦干是远远不够的,因为如此一来,你就看不到前方到底是平坦大道,还是崎岖山路,或者万丈深渊。无论做什么事情,请大家千万记得不光要埋头拉车,还要学会抬头看路。

别天人交战，战胜自己就好

1

有个工人被人在无意中关进了冷藏车。第二天早上，司机打开冷藏车，发现这个人已经没有了呼吸，他蜷缩着身体，身体僵硬，所有症状都十分符合被冻死的情形。然而，令人不解的是，司机其实并没有开这辆冷藏车的压缩机，冷库中的温度和室外几乎没太大区别，绝对不至于把人冻死。人们猜想，可能这位工人被关进冷藏车之后，内心过于恐惧，他时时刻刻都在担心自己被冻死，结果这种心理对他自己产生了强烈的影响，他就真的被"冻"死了。

同样，还有一个被心理学家引用过的实验：

在实验室里，将一名死囚的眼睛蒙上了黑布，把他牢牢绑在椅子上。在死囚的旁边放着一个塑料桶，里面盛满了水。实验人员用刀背在他的手腕上划了一下，然后把旁边的塑料桶上也划开了一个小洞,水流出来,发出滴答滴答的声音。实验人员对他说:"你的手腕已经被割开,你全身的血液都将一滴一滴流失,一个小时后,你会因为血液枯竭而死亡。"在这样的状况之下,死囚真的认为血在顺着自己的手腕一滴一滴流着,半小时后,他竟然在极度的恐惧中昏厥而亡。

难道这两个人真的是分别死于低温和失血过多吗?不,他们都是因为无法战胜自己内心的恐惧,自己把自己吓死了。

实际上,我们每个人的身体内部,都住着两个"自我":一个是消极的自我,一个是积极的自我;一个是软弱的自我,一个是坚强的自我;一个是懒惰的自我,一个是勤奋的自我;一个是卑微的自我,一个是强大的自我;一个是阴暗的自我,一个是阳光的自我。这两个"自我"为了达到独霸我们身心的目的,无时无刻不进行着殊死较量。假如消极的、软弱的、懒惰的、卑微的、阴暗的"自我"占了上风,那么我们就会变得被动、自私与无奈;反之,如果积极、坚强、勤奋、强大、阳光的自我取得了胜利,那么我们就会表现得自信、乐观、无坚不摧。

放纵自己,听天由命,从来都是很简单的事情。想要认输,随便找个借口就能原谅自己;而要战胜自我,从来都不是简单的事情。我们需要超越自身的动物本能,努力克服自身与生俱来的软弱自私、贪图安逸等种种弱点。这是个痛苦的过程,但我们别无选择。因为这两个"自我"的存在,我们控制自己的行为总是需要一番痛苦的挣扎。有时候,这两个"自我"势均力敌,处于均衡状态。比如,你正减肥,看见满桌子的大鱼大肉,你垂涎三尺,肚子也开始咕咕作响。可是你又看看自己横向发展的身躯和日益变厚的"游泳圈",觉得十分为难,在美食的诱惑与瘦身的决心之间,你的两个"自我"又开始战斗了。到底是大快朵颐不亦快哉,还是转身离开去苦练健身呢?两个"自我"互不相让,战争依然处于胶着状态。最后,理智终于占了上风,你不情不愿一步三回头地离开了美食……

几乎每个人都会有这样的经历,内心的矛盾与冲突险些让我们迷失了自己,每到这个时候,恰恰也到了考验你能否战胜自我的重要时刻。

2

巴雷尼是诺贝尔生理学和医学奖的获得者,在他小时候,他曾因为一场大病而落下了伤残。从那以后,巴雷尼开始自暴自弃,他经常对家人乱发脾气,一言不合就摔东西。巴雷尼的母亲无比心痛,但是她明白孩子现在最需要面对挫折的勇气和决心。她来到巴雷尼的病床前，看着他的眼睛，语重心长地说："孩子，妈妈一直都认为你是一个勇敢的人。以前是，现在是，以后也是。虽然你现在身患残疾，可是你的精神和生命都还完整无缺，相信你一定能战胜自己，勇敢地走下去！"

妈妈的话深深地震撼了巴雷尼的心，他在母亲的怀里大哭了一场，所有的委屈和痛苦都在那一刻得到了释放。从那以后，他开始积极主动地在精神上和生理上适应残疾以后的生活。在妈妈的不断鼓舞和帮助下，他每天都雷打不动地完成当天的锻炼计划。

终于，他经受住了命运给他的痛苦打击。在经历了一段艰苦的体育锻炼后，巴雷尼完成了对自己的救赎。他克服了诸多不便，刻苦学习，奋发努力，以优异的成绩被维也纳大学医学院录取。参加工作后，巴雷尼以毕生的精力致力于耳科神经学的研究，取得了重大的科研成果，最终完成了超越自我、战胜自我的过程。

古希腊哲学家苏格拉底曾强调应该"认识你自己"，因为人一生要战胜的敌人，始终是你自己！

别执迷不悟，也别天人交战。强者并不是天生就是强者，也并非没有软弱的时刻。强者之所以成为强者，是因为他们善于战胜自我。

3

床头的闹钟锲而不舍地响了一次又一次,你按下一次再按下一次, 就是不能说服自己从温暖的被窝里爬起来;早早两个月前你就制订了瘦身计划,可这对你毫无约束,你总控制不了自己的嘴巴,现在的你不但没瘦,反而又胖了两斤;你很重视锻炼身体,为此去健身房花5000元办了一张VIP健身卡,还买了两套价格不菲的运动衣,可是锻炼了没有两周,健身房里就再也没有出现过你的身影……

我们在日常生活中, 好像总是处在两条路的岔口上:一条路宽阔、平坦,甚至还可以免费打到车,它诱惑我们只用自己的直觉和冲动来度过人生, 在这条路上走的人很多,你只能随波逐流,听天由命,你对自己的命运毫无掌控之权,这条路的名字叫"自我放弃";而另一条路布满了荆棘,也没有什么明显的标志,你只能用自己的意志和努力去奋力抗争才能走过去,这条路上鲜有人烟,可是在这里,命运由你自己做主,一切都是你自己说了算,这条路的名字叫"战胜自我"。

战胜自己,知易行难。为什么痴迷网络游戏,明知有害身心却深陷泥潭而无法自拔?为什么有人知道抽烟有害健康,三番五次地想戒烟,却始终戒不了?为什么一个健身中心会员常常多达2000至5000人，但风雨无阻坚持锻炼的总是不足百名？为什么有的人知道上班迟到不好，一直想改正，却一而再、再而三地迟到？原因很简单，就是因为输给了自己，输给了怨天尤人、漫不经心和随心所欲！

每时每刻，我们都在挑战自己，从年少时的学习到走向社会开始工作，我们接受了无数风雨的洗礼。纵观芸芸众生，有的人一生波澜不惊，有的人却一步步逼近成功。为何有人与自己的目标渐行渐远，有人却在一步步实现呢？纵然，这之间有诸多原因，但归根结底，关键之处就在于面对困难和挫折的时候，是否拥有决心和毅力以及战胜自我的强大意志和坚强耐力。

青春是自己的，别总让别人替你做决定

1

亨利走进一家鞋店，他打算为自己定做一双皮鞋，他告诉老鞋匠这是他人生中的第一双定制皮鞋。

老鞋匠拿着两种鞋头问他："你是做成方头还是圆头

的呢？"亨利对比了一下，觉得这两种都不错，一时间拿不定主意。于是，鞋匠让他回家好好考虑一下，考虑好了再过来。

过了几天，亨利又来到这家鞋店。可是，当老鞋匠问起鞋子是做方头还是圆头时，他再次犹豫不决。最后，他对老鞋匠说："要不然您帮我决定吧，您做了那么多双鞋子，一定知道我更适合哪一种！"老鞋匠见亨利实在不知道如何选择，就答应道："那行吧，过几天你过来取鞋子！"

当亨利去取鞋子时，他发现老鞋匠给他做的鞋一只是方头的一只是圆头的。他非常诧异："天哪！你怎么为我做了这样的一双鞋呢？"老鞋匠平静地看着他说："既然你让我来决定，当然是我想要做成怎样就怎样做了，不是吗？我只是想告诉你，别总让别人替你做决定。"

亨利收下了这双不能穿的鞋，也收获了一条重要的人生守则：自己的事要自己拿主意，做人一定要有主见。

不仅仅是定做一双鞋要自己做决定，只要关乎自己人生的每一件事情，都要自己来做决定。每一个年轻人都应该深知此道理：在你成长的道路上，没有人能代替你成长，你自己的人生还得由你做主。

2

小路易斯热爱画画,他的梦想是成为一名画家,但是他非常不自信。每次画完一幅画,他总是会拿着画问家人、问朋友,画得如何,哪些地方需要修改。

有一天,他画了一幅以山水为背景的田园风光画,拿给家人看。

路易斯的父亲看了他的画,遗憾地说:"哦,画得不是很自然,你看这里,城堡的颜色如果换成深咖啡色,那样会显得更神秘、更高贵一点。"路易斯听了,按照父亲的建议做了修改。

接着,他又把画拿给妈妈看。妈妈看完,对路易斯说:"大部分人都不喜欢颜色过于单调的东西,你应该把画的色彩整体调得艳丽一点。"路易斯又采纳了妈妈的意见。

当哥哥看到他的画时,对路易斯说:"我爱看抽象画,不如把你的画改得更加抽象一点吧!"于是路易斯又听从了哥哥的建议,改成了抽象画。

当路易斯把画拿给姐姐看的时候,姐姐惊叫了起来:"这哪里是画,这分明就是一张涂满了各色颜料的脏纸!你赶紧拿开!"

路易斯摸摸脑袋,他想不明白,自己明明画的是有山、有水、有城堡的田园风光,怎么会变成一张脏纸了?

路易斯把所有的时间都用在了采纳别人的意见上。他想通过别人的意见让自己的画更完美,这本无可厚非。可遗憾的是,偏偏每个人的意见都不同。别人的意见不仅没有帮助他得到提升,反而让他好好的一幅画变成了废纸。一味听信于人,让他丧失了自己。

自己拿主意,并不意味着一意孤行,孤芳自赏,而是忠于自己,相信自己,不轻易被别人的思想所左右。但是生活中,多数人都难免有从众心理,常常会为了顾及面子而依附于他人的思想和认知,从而失去独立的判断,处处受制于人。这是一种莫大的悲哀,作为一个有着独立人格的个体,我们要有自己的主见,不可盲目地追随别人。

3

有的时候,没有主见并不是没有自己的想法,而是过多考虑了别人的想法,导致不能或者不敢坚持自己的想法。比如,在对一件事发表看法的时候,你从来都是附和所谓"权威"人物的观点,而不敢大胆说出自己的想法。再比如,在为人处世的过程中你经常按别人的反应来决定,而不是按照自己的意愿去决定等。这往往是不自信的表现,或者说，没有勇气去承担自己的选择所带来的不良后果，害怕结果得不到众人的认可。

一个有主见的人，遵从自己的内心，按照自己的感觉做出决定，哪怕这个决定不被旁人所理解，甚至具有很大的风险。想做一个有主见的人，就必须站在不同的角度理解问题，分析各自的合理性与不足之处，提高自己分析与判断的能力。当有价值和有成效的独到见解积累得多了，你会越来越有主见。

所以，趁你还年轻，趁你还能掌控命运时，为自己的人生做主，对自己的人生负起责任来！

要么狠要么滚,就是不能混

1

美国野生动物保护协会有位成员叫丹尼斯，他对狼的研究情有独钟。为了更全面地搜集所有关于狼的资料，他几乎走遍大半个地球。在搜集过程中，他见证了许多狼的故事。这其中，在非洲草原上目睹的一场狼和鬣狗的交锋，令他至今难以忘怀。

　　记得那是一个极度干旱的季节，草原上许多动物都因为干旱而缺少食物水源，最终死去。生活在这里的鬣狗和狼也面临同样的问题。狼群外出捕猎非常有纪律性，由狼王统一指挥，而鬣狗却是毫无章法地一窝蜂往前冲。鬣狗仗着数量众多，常常从猎豹和狮子的嘴里抢夺食物。由于狼和鬣狗都属犬科动物，所以大多数时候，它们能够和平共处，甚至共同捕猎。然而，在面临食物短缺的情况，狼和鬣狗也会为了争夺食物而发生冲突。这次，为了争夺被狮子吃剩的一头野牛的残骸，一群狼和一群鬣狗发生了冲突。尽管鬣狗死伤惨重，但由于数量比狼多得多，很多狼也被鬣狗咬死了，最后，只剩下一只狼王与5只鬣狗对峙。

　　显然，一只狼王与5只鬣狗在战斗力上相差悬殊，更何况狼王在之前的混战中还被咬伤了一条后腿。那条拖拉在地上的后腿，成为狼王最大的短板与负担。面对步步紧逼的鬣狗，狼王突然做出一个令人诧异的举动，它回头一口咬断了自己的伤腿，然后向离自己最近的那只鬣狗猛扑过去，以迅雷不及掩耳之势咬断了它的喉咙。其他4只鬣狗被狼王的举动吓呆了，都站在原地不敢向前。更加吃惊的莫过于躲在草丛里扛着摄像机的丹尼斯。终于，4只鬣狗拖着疲惫的身体一步一摇地离开了怒目而视的狼王。狼王脱险了。

物竞天择，适者生存。在弱肉强食的丛林中，狮子不会同情自己的"食物"，同样在竞争激烈的社会之中，强者也不会同情弱者。要想不被"吃掉"，就只有一条路可走：逼迫自己变"狠"。要知道，唯有经历过"绝境"，才能练就如履平地、披荆斩棘的本领。

2

秦朝末年，秦军悍将章邯打败楚军后，又率军攻打赵军。赵军退守巨鹿，并被秦军重重包围。反秦形势严重恶化。赵王四处求救。楚怀王封宋义为上将军，项羽为副将，一起率军救援赵军，企图扭转反秦局势。

面对强大的秦军，宋义率军到安阳后，接连46天按兵不动。对此，项羽十分不满，要求进军，与秦军决战，解救赵军。但是，宋义希望秦赵两军交战待秦军力竭之后才进攻。这看似高明之举，实为胆怯逃避。因为秦赵强弱差距悬殊，秦军灭掉赵军是早晚的事，而且灭掉赵军根本不会损伤多少兵力，甚至还会增强实力。

此时，军中粮草缺乏，怯懦的宋义仍旧饮酒自顾。项羽忍无可忍，进入营帐杀了宋义，并声称他叛国反楚。此后，项羽统率全军向秦军发起进攻。

项羽率军渡过黄河后，下令把所有的船只凿沉，将所有烧饭用的锅打破，将所有的营房烧掉，只带三天干粮，向秦军发起进攻——包括项羽在内的所有楚军将士，只能在死亡和胜利中选一个，没有任何的退路和逃生的机会。

就这样，主动将自己逼入绝境的项羽率领楚军，只有与秦军拼命抢夺生机一条道路了。他们迅速进军到巨鹿外围，包围了秦军并截断秦军外联的通道。楚军将士个个拼命，以一当十，杀伐声惊天动地，战斗异常惨烈。经过九次激战，楚军最终大破秦军，打败了秦军悍将章邯、王离等人，逼迫秦军放下武器投降。

经此一役，秦朝的核心主力军队被击垮，天下反秦形势出现了递转。秦朝在爆发起义后不到两年就灭亡了。

项羽率军破釜沉舟，与秦军拼命时，其他反秦诸侯派来增援军队却都因胆怯不敢近前，作壁上观。以至战胜后，项羽于辕门接见各路诸侯时，各诸侯皆不敢正眼看项羽。此后几年，项羽凭着这一战成为天下的实际主宰。

项羽正是采用了"置之死地而后生"这一方法，一下子激发了楚军的潜力，让自己的威名震动了整个天下。如果当时他没有"破釜沉舟"的决心，那么他是很难成就惊世功绩的；如果没有逼迫自己的思想，他是难以挑战当时那种残酷的形势的。

3

在苏格拉底生活的那个时代,哲学在当时是很崇高的追求。因此,很多年轻人慕名来拜苏格拉底为师。

有一天,一个年轻人想要拜师苏格拉底学习哲学。苏格拉底一言不发,带着年轻人来到一条河边。突然,苏格拉底用力把年轻人推到了河里。年轻人原本以为苏格拉底是在跟他开玩笑,丝毫没有在意。没想到,苏格拉底竟然也跟着跳到水里,并且拼命地把那个年轻人往水里按。这一下,年轻人真的慌了,求生的本能让他拼尽全力将苏格拉底甩开,并很快爬到岸上。

年轻人愤怒地责问苏格拉底为什么要这样做。苏格拉底笑着回答说:"我只想告诉你,做任何事情都必须有绝处求生那么大的决心,才能有获得成功的可能。"

苏格拉底说得很对,做任何事情都要有决心,都要有一股狠劲,这样才能激发自己内在的潜力,才能让自己绝处逢生。

"狠"是开启成功的金钥匙,是对抗迷茫的良药。在这个弱肉强食的时代,舍不得对自己狠,别人便会捷足先登,抢摘胜利的果实。

对自己狠一点,不慌不忙地坚强,安安静静地盛大,终有一天,你要的时光都会给你。

两点之间,可以有很多条线

1

一位母亲递给孩子几个装粮食的袋子和一张购物清单,嘱咐孩子出门按照清单上所写,把几种粮食买回家。

孩子来到粮食店后,在核对购买清单时,发现少了一个袋子。清单上写着需购买高粱、玉米、大米和小米这四种粮食,可是母亲却只给了三个袋子。孩子没有多余的钱买布袋,也就没办法买全所有的粮食,于是就只装满了三个袋子回家了。

孩子到家后,一进门就对母亲抱怨,为何少带了一个布袋,使得自己还得再上街一趟,去买剩下的玉米。母亲听完孩子的怨言,笑着说道:"你没想过找老板要一根绳,然后把装的最少的布袋从中间扎牢,那么上面一层不就可以装玉米了吗?实在没想到的话,你还可以再买一个布袋装玉米啊?"孩子反驳说没有多余的钱买布袋。

母亲又笑了笑:"傻儿子,你不会少要一斤米啊?这样不就能买布袋了吗?"

孩子一听傻了眼,又羞又恼地去买玉米了。

2

有句谚语叫"条条大路通罗马"。古罗马原是意大利的一个小城邦。公元前3世纪罗马统一了整个亚平宁半岛。公元前1世纪,罗马城成为地跨欧亚非三洲的罗马帝国的政治、经济和文化中心。频繁的对外贸易和文化交流使得大量外国商人和朝圣者络绎不绝。罗马统治者为了加强对罗马城的管理,修建了一条条大道。它们以罗马为中心,通向四面八方。据说人们无论是从意大利半岛的某一个地方还是欧洲的任何一条大道开始旅行,只要不停地往前走,都能成功抵达罗马城。现在"条条大路通罗马"这句话是形容达到一个目的的方法多种多样,我们在实现目标过程中可以有多种选择。

在追求梦想的旅途中,在奔波忙碌的生活里,我们常常会遇到"前路禁止通行"的尴尬境地,"残酷现实"已经客观存在,我们只能去适应改变,调整自己。我们必须意识到这种"残酷现实"随时随地都有可能发生。我们不但要学会适应,适时调整,还要学会预见困难,做好迎接挑战的准备。

"山重水复疑无路,柳暗花明又一村。"事实上,我们通常会在遇到"此路不通"时而停滞不前,是因为我们的固有思维认为那是最顺畅、最快捷的一条路,殊不知这种惯性思维方式让我们错过了许多更宽敞通畅的大路,错过了许多别样的美丽风景。

3

据说,世界上第一座观光电梯的"诞生",其创意来源于一名清洁工人。

某摩天大厦因为客流量的增大,之前的电梯已经远远不能负荷人们的实用需求。为了尽快解决电梯严重拥堵的问题,工程师们建议大厦赶紧停业维护,直到新的电梯投入使用为止。当电梯工程师和大厦建筑师做好了一切准备工作,马上就要开墙凿壁时,一位清洁工的话激发了工程师们的创意。

"你们准备把每一层的地板都凿开吗?"清洁工问道。

工程师解释:"这是肯定的,不凿开就没法装入新的电梯。"

"那大厦岂不是要停业很久?"清洁工接着问。

工程师无奈地点了点头:"你也看到现在每天有多堵

了,这个事情不能再拖了,我们争取尽快完工。"

"如果我是你的话,我就把电梯装到大厦外面。"清洁工随口说道。

正是这个看似不经意的提议,瞬间引爆了工程师们的头脑风暴:这个方案不仅可以解决问题,同时缩小了大厦停业的可能性,而且还具备观景作用。真可谓一举三得啊!

为什么工程师们的专业眼光就产生不了这一奇妙的创意呢?根本原因就在于这些工程师早已束缚在一成不变的建筑知识体系当中,形成了一套固有的思维方式。而清洁工却没有这种束缚,他只从处理问题的最简单易行的角度出发,于是发现了更好的解决方法。

4

1850年,随着大量黄金的被发现,美国西部成为一片充满传奇和财富的土地。无数淘金客心驰神往,纷纷涌向了荒无人烟的西部。

身为犹太人的李维·斯特劳斯从小就流露出经商的天分,同所有犹太人一样,他聪明,好冒险,不安分。他放弃了稳定的工作,成为无数淘金客中的一员。

长途跋涉来到西部后,他发现淘金的美梦并不现实。

　　之前荒寂的西部早已涌满了淘金的人群，到处都是他们的帐篷。李维陷入了沉思：这么多人都想发财，自己要凭什么从他们手中分走蛋糕呢？在短暂的迷茫跟失落之后，他开始积极寻找自己的成功之路。

　　一个非常偶然的机会，他发现自己所居住的地方因为远离市中心，所以身边的淘金者想购买生活用品都非常不便。他毅然决定放弃淘金梦，开一家日用品小商店，通过别的途径获得成功。

　　事实证明，他这次的选择是正确的。小商店的生意出乎意料地好，淘金者们源源不断地涌向李维的小商店购买所需。不过，他的小商店里有一样东西始终是无人问津，那便是帆布。因为大多数淘金者都自己带帐篷了，所以帆布的销路就变得异常惨淡。

　　一天，李维向一名淘金者推销帆布，对方摇头说道："我有帐篷了，所以我不需要帆布，但是我需要一条像帐篷一样耐磨耐脏的裤子。"李维闻言非常好奇，向淘金者追问原因，对方接着说道："因为淘金的工作十分艰苦，裤子要经常与砂石摩擦，一般的裤子因为不耐磨，所以穿几天就破了。"这名淘金者的话点醒了李维。他想如果用这些帆布做成裤子，再推销给淘金者，一定很受欢迎。

　　于是，他仿效美国西部一位牧工的设计制作工装裤。1853年，第一条日后被称为"牛仔裤"的帆布工装裤在李维手中诞生了，当时它被工人们叫作"李维氏工装裤"。他向工人们推销，不出所料，这种款式和布料的裤子很受工人们喜欢，大量的订单随之而来。李维的事业也由此越做越大。

在这场全民淘金热潮中，每个人都渴望淘到金矿发大财。然而，一部分人通过淘金获得了成功，另一部分人却发现了其他的发财机会，同样也获得了成功。所以说想要取得成功，一定要有敏锐的观察力和洞悉商机的能力。

通往成功有很多条路，正如"条条大路通罗马"一样，在不同的行业里，通过不同的奋斗方式，都能使我们获得成功。唯一区别在于这些路上所遇到的风景和险阻会有所不同。"此路不通"的情况只存在于路标牌中，然而，通过绕行，我们最终仍能殊途同归。

不吃苦,不奋斗,
你的青春剩什么

你所谓舒适的青春，只不过是预支了十年后的幸福,混日子,总是要还的。青春是资本,可以使用,但不可以随意挥霍。

你需要努力,也需要激情

1

芳芳在一家企业做后勤工作。结婚前她只有100斤不到,结婚后因为工作轻松、生活安逸的原因,她的体重一度逼近130斤,原本容貌姣好、身材苗条的她一下子成了连自己都嫌弃的"胖子"。

"三月不减肥,四月徒伤悲,姐妹们,从今天开始我要努力减肥!要么瘦,要么死!姐妹们可一定要监督我啊!"芳芳躺在床上发了一条朋友圈,瞬时收到好多个"赞"。

第二天一早,芳芳便起床洗漱,换上跑鞋,到广场上跑步。跑了一会儿,芳芳感觉气喘吁吁,于是改为走。"今天才第一天,运动量不能太大,要循序渐进。"芳芳心里想着,开始往家里走。

第二天,闹铃响了,芳芳想起床继续锻炼,可是她发现大腿肌肉酸痛。"要不今天休息一下,明天再继续,运动不能伤害身体啊!"芳芳这么一想,又倒头开始呼呼大睡。

第三天,闹铃又响了,芳芳也没感觉到身体有任何酸痛不适,她抬眼看了下窗外:"呀!今天空气看着很不好啊,呼吸这样的空气对肺不好的!算了,等天气好的时候再说吧。"

第四天,闹铃没响,不是闹铃坏了,而是芳芳在头一天晚上就把闹铃取消了。因为闹铃总是会在清晨准时响起,太影响睡眠了。

夏天到了,芳芳半斤都没瘦,她又开始在朋友圈抱怨起来:"唉,这么多漂亮裙子,可是却穿不进去啊。确实要减肥了啊!"

生活中,有许许多多跟芳芳一样的人,他们做事只有三分钟热度,缺乏耐性,不能持之以恒。

2

很多时候,我们在仰望成功者的时候,仅仅是在仰望他们最终取得的成绩而已。我们没有反思他们之所以功成名就的原因所在,不去挖掘他们身上与众不同的闪光点。我们激情不再,得过且过。

在中国的传统文化中,勤劳一直是人们最为看重的品质。各种各样关于奋斗的宣言,也让现在的年轻人越来越意识到努力的重要性。所以,现在很多年轻人缺少的并不是对于努力重要的认知,而是对激情与坚持的认知。激情是一种强大的力量,它可以点燃一切,正如西点军校将军戴维·格立森所说:"要想获得这个世界上的最大奖赏,你必须拥有过去最伟大的开拓者所拥有的将梦想转化为全部有价值的热情,以此来发展和展示自己的才能。"

我们佩服那些在某一领域里长期坚持的人,也渴望成为跟他们一样优秀的人,然而我们不知道的是,一个人之所以能如此长久地坚持,并非仅仅靠的是意志力,更重要的是对于某种目标的强烈热情,这股热情是他们能够坚持到底的最重要、最强大的驱动力。

都说激情似火,其实并非如此。激情并不是瞬间爆发之后很快便消失无踪的火焰,激情更像是能够为我们指引方向的罗盘。它需要时间来构建、来调整,然后引导我们踏上正途,最终抵达我们想要去的远方。

不拼一把,你永远不知道结果

1

在一座大山脚下,住着一群平凡的人。

他们的祖祖辈辈都生活在这里,虽然这里交通闭塞,但是靠山吃山,生活上倒也衣食无忧。

有一天,其中有个年轻人突然对大家宣布:"我要走出大山,去外面的世界看一看。不然,我这辈子就算白活了。"

乡邻们都表示不理解。他们将这个年轻人团团围住,对他开始了一番苦口婆心的劝说。

一位跟他年龄相仿的年轻人说:"山外的世界是什么?你我都不知道。一切都是未知的,未知便意味着存在危险,你可千万要三思而后行呀。"

一位已经婚育的中年人说:"你要远行去寻找未知的可能,这本是好事,但也不必太过执着,不急于这一时,还是应该再深思熟虑一下,也许过一段时间你就不想再出去了。"

一位白发苍苍的老者说:"年轻人,你要知道,做人要知足常乐,不要这山望着那山高,我们世世代代生活在这里,是大山赐给了我们生命的养分,这里才是我们生存的根基。"

但这个年轻人去意已决,无论众人再怎么挽留,他依然坚持上路了。离开了大山,孤单的身影向着远方走去。

一路上历经重重磨难,也曾有过失落与迷茫的时候,但这个年轻人始终坚定、勇敢地向前走着,一边前行,一边探索。最终,这个年轻人成功抵达了他梦想中五彩缤纷的富饶世界。

永远不要给自己的人生设限，要想活成自己想要的样子，那就不要旁观，不要坐等，要立刻启程出发。或许，你能达到的高度，比你想象的还要高。当你为了心中目标去拼搏的时候，也许，你一不小心就会触碰生命的奇迹。

2

在一片一望无际的大草原上，一张纸片在风的作用下飘落在草地上。此时正值春季，蝴蝶在翩翩起舞，雄鹰在展翅高飞。

这种纸片无比美慕地看着空着的蝴蝶："如果我也能像蝴蝶一样，快乐自由地飞舞在空中，那该是一件多么美妙的事情啊！"

这时，一只苍蝇嗡嗡飞过，它嘲笑纸片说："你可别空想了，你连翅膀都没有，就别指望能飞上天空了！"

一天，这张纸片躺在草地上仰望着浩瀚的夜空。它对着一颗最小的星星问道："难道就因为我们渺小，所以我们注定不能拥有自己的梦想吗？"

星星不以为意，微笑着开导纸片说："谁说我们都是渺小的？你之所以觉得我渺小，那是因为你我距离最远。请记住，要坚持自己的梦想，它会赋予你无穷的力量。"

纸片若有所思,它暗暗给自己鼓劲儿说:"总有一天,我会像蝴蝶一样飞上天空,实现我的梦想!"

蝴蝶听到后,同样嘲笑道:"真是白日做梦!我倒是要看看你怎么飞上天空。"

终于,有一天,纸片真的飞上了蓝天,不仅高过了蝴蝶,甚至与雄鹰并驾齐驱。原来,它在人的帮助下,变成了一个蝴蝶形状的风筝。

无独有偶,草原上有根羽毛也听闻了纸片实现梦想的故事。它也给自己定了个目标:"总有一天,我也要飞上天空,与雄鹰一较高下。"

麻雀在听说羽毛的目标后,故意奚落它:"你简直是在痴人说梦,你连我都飞不过,怎么还敢奢望与雄鹰争高低?"

羽毛却并未因麻雀的话而灰心丧气,它依旧坚定,努力地寻找着飞上天空的力量。

天上的雄鹰听说了羽毛的目标,不以为然地说道:"一根羽毛也想与我比试?简直是螳臂当车,自不量力!"

羽毛始终坚定着自己内心的信念,它相信自己一定可以达成心中所愿。终于,它找到了能够让自己腾飞的力量。它被人将自己绑在弓箭的尾巴上,用来保持弓箭的平衡。

万里晴空,一碧如洗。人看准时机,提弓引箭。只见箭离弦而发,直上云霄,将正在翱翔着的雄鹰射中。

在雄鹰被射中的那一刻,羽毛对雄鹰说道:"一切皆有可能,不拼一把,你永远不知道结果。"

3

真正的智者,从来不会建议你在可以尝试的时候,去选择安全,即便存在一定的风险;也不会劝慰你忘掉梦想与外面的世界,即便通往梦想的路上荆棘遍布。

每个人都要有理想,没有理想的人生就是一片空白。世界上最快乐的事莫过于为梦想而努力。梦想,是人们要为之奋斗终胜的,在实现梦想的路上,尽管有坎坷,有困难,但是心底里的梦想也会赐予我们力量,让我们有力量去克服所遇到的困难。

追逐理想的完美,不在于结果,重要的是过程。人生的完美,是靠我们自己去创造的,有结果固然可喜,即便遭遇失败也要从中找到原因,继续奋斗。

那些取得成功、取得伟大成就的人,并非生下来就是超出常人的天才,但是他们都有自己的梦想。梦想带给他们力量,让他们持之以恒地为了梦想而奋斗,最终,使他们的人生充满光辉、绚烂多彩。

为了以后做喜欢的事,现在先做不喜欢的事

1

　　大多数人做事情都喜欢从容易处着手,从喜欢的事情做起,殊不知,这种工作习惯常常会影响到工作效率。那些我们认为"难啃的骨头",往往是我们不愿意去做而为自己找的借口。这个借口会导致信心的缺失、应付心理及拖延症的养成。渐渐地,形成一种恶性循环。

　　如果在工作中,换个切入点,从难题着手,正面应对,不逃避,或许我们将有意想不到的收获。因为是我们不擅长的领域或者必须要克服阻力才能完成的任务,我们会想尽办法去钻研、去学习。在这个过程中,我们掌握到一些新的要领与方法,甚至,培养出了兴趣、干劲儿,发现了工作的乐趣。渐渐地,形成一种良性循环。

2

　　黄亮在一家医药公司上班。因为业绩突出,他被晋升为区域经理。

　　黄亮每天到公司的第一项工作就是打电话,他专挑那些难缠的客户先联系,电话中如果沟通不到位,他会再跟进登门拜访,许多难缠的客户在他做完工作后,都成了公司的优质客户。

　　然而,刚进入公司的时候,他并不是这么做的,那时候他还是个销售菜鸟。一碰到难以沟通的客户,他会有意无意地逃避,需要电话沟通的时候,他要犹豫好久才拨通对方的电话,本来想好的话语被对方一个反问后,就变得语无伦次。想要登门拜访,对方稍微拒绝一下,他便顺水推舟道"不好意思,那我们改天再约"。错过了一次又一次的好机会。他把时间跟精力大多用在了优质客户身上,这些优质客户之所有优质,一方面是因为忠诚度高,另一方面是销量好、回款稳定,再一个就是好沟通。一段时间下来,优质客户依然优质,难缠的客户似乎更难缠了。

　　销售总监找他谈话时委婉地指出了他的问题所在:不能一味地避重就轻,越是难缠的客户越要全心全意地去对待。听完销售总监的分析和建议,他及时转变了自己的工作态度,调整了工作方法。没过多久,效果便显现出来。用黄亮自己的话说:"跟这些不好打交道的客户沟通得越多,也就越了解他们心中的真实想法,沟通的技巧也随之愈加成熟了。"

　　主动选择面对自己不擅长或者不喜欢的事情,当你通过努力把它们解决掉之后,你会感觉如释重负,有说不出的痛快,这个时候,你可以带着愉悦的身心投入到你擅长的工作当中,往往能达到事半功倍的效果。

3

　　钱钟书在他的《围城》里说过一个例子,大意是这样:天下有两种吃葡萄的人。一串葡萄到手,一种人挑最好的先吃,另一种人把最好的留在最后吃。第一种人很不开心,因为接下来每吃一颗都要比上一颗味道差,这就像吃惯山珍海味的人是没办法习惯吃粗茶淡饭的,吃了最甜的水果,接下来无论吃多甜的食物,都是不甜的,做完最喜欢的事情,接下来每件事情都是让人生厌的;第二种人是快乐的,因为他吃了最难吃的葡萄,接下来每一颗葡萄的味道都比上一颗要好,从最不喜欢的事做起,接下来无论做什么事情,都充满了乐趣,所以接下来他吃每颗葡萄都是欢天喜地的。

　　可见,从不喜欢的事情做起让你工作时更有力量,也更加投入,进而慢慢改变对工作的看法和态度。每天从最不喜欢的事情开始做起,坚持做完它,然后做第二件事情,一直做到最后一件才开始做你喜欢的事情。从心理上最困难的入手,在中途不要跳过那些你不喜欢做的事情,这要作为一项强制训练,坚持下去,强化的效果会越来越大,最终,你会觉得你有力量完成任何事情。

金矿只有一步,你要撑住

1

成功离不开坚持不懈的追求,很多人未能抵达成功,并非因为他们不努力,而是在用尽全力后,在最接近成功的那一刻,他们没能挺住。

美国人达比和叔叔在西部发现了金矿,他们悄悄地将矿井掩盖起来,然后火速回家乡筹集了大笔资金购买采矿设备。不久,便开始了如火如荼的淘金事业。

当开采出来的首批金矿石运往冶炼厂时,经专家分析,达比跟他叔叔遇到的可能是美国西部罗拉地区藏量最大的金矿之一。达比仅仅用了几车矿石,便很快将所有的投资全部收回。

　　然而, 正当达比的事业日渐走高的时候, 一个噩耗传来: 金矿的矿脉突然消失了!

　　尽管他们继续拼命地钻探, 试图重新找到矿脉, 但一切似乎都是徒劳。眼看着发财梦就要破碎, 万般无奈下, 达比不得不忍痛放弃了这个本可以让他成为大富豪的矿井。达比把全套机器设备变卖给了当地一个收购废旧机器的商人, 他和叔叔带着遗憾和不甘心回到了家乡。

　　就在他们刚刚离开后没几天, 收购了他们机器的商人突发奇想, 决定去那口废弃的矿井碰碰运气。商人请来著名的采矿工程师重新对矿井做一番考察。工程师只是做了一番简单的测算, 便发觉了之前工程失败的原因。原来是开采者不熟悉金矿的断层线。考察结果表明: 更大的矿脉其实就在距离达比停止钻探三英寸(1英寸=2.5厘米)远的地方!

　　作为怀着同一梦想的有心人, 达比虽然付出了最大的努力, 但他获取的却是罗拉地区最大金矿的一个小小支脉; 收购废旧机器的商人虽然只花费了很小的代价, 却通过一口废弃的矿井而成功地获取了一座大金矿。

　　或许有人说, 这是命运决定的, 达比只是时运不佳而已。但是透过现象看本质, 在这截然不同的两种结局背后, 原本暗藏着一次完全相同的、公平的机遇。

2

英国前首相丘吉尔曾说:"要看到日出,就要坚持到拂晓;要看到成功,就要坚持到最后。成功的秘诀就在于坚持。"

上帝从来不会告诉你,运气的具体到来时间。有些人运气到得早一点,于是煎熬少一点;有些人运气到得晚一点,于是更辛苦一点。但是不可否认,很多运气到来晚的人,却比运气到来早的人幸福感更强烈。因为他们付出了艰辛的努力,不屈不挠地与生活抗争,并且坚持到了最后,这种苦尽甘来的体会是弥足珍贵的。

1922年的冬天,霍华德·卡特几乎放弃了可以找到年轻法老王坟墓的希望,他的赞助方准备中止赞助。卡特在自传中写道:

"这将是我在山谷中的最后一季,我们已经挖掘了整整六季了,春去秋来毫无所获。我们一鼓作气工作了好几个月却没有任何发现,只有挖掘者才能体会到这种彻底的绝望感,我们几乎已经认定自己被打败了,正准备离开山谷到别的地方去碰碰运气。然而,要不是我们最后垂死挣扎般的一锤,我们永远也不会发现这超出我们梦想所及的宝藏。"

卡特最后垂死的努力成了全世界的头条新闻,他发现了近代唯一一个完整出土的法老王坟墓。如果你参观过开罗博物馆,你会看到从图坦卡蒙法老王墓挖出的宝藏令人目不暇接。这座庞大建筑物的第二层楼大部分放的都是灿烂夺目的宝藏:黄金、珍贵的珠宝、饰品、大理石容器、战车、象牙与黄金棺木……巧夺天工的工艺至今仍无人能及。但如果不是霍华德·卡特决定再多挖一天,也许直至今日,这些宝藏仍然深埋在地下不见天日。

"当你感到绝望的时候,再坚持一下!"这是卡特的故事给我们的启示。其实,成功往往就藏匿在你绝望、准备放弃的背后。如果你能咬牙再坚持一下,再努力一把,克服这种深深的绝望感,成功就会奇迹般地出现在你面前,就像卡特在绝望的时候再一次挖掘,终于发现了法老王的坟墓一样。

3

每一个成功的人都有这样的认识,获取成功并不是一件简单的事情,它需要不断地付出汗水和努力。只要能够坚持,只要不屈不挠,那就一定能采摘到胜利的果实。

一位叫凯文·理查德的年轻人因为一次意外，被单位开除。

迫于生计，他不得不跑到得克萨斯油田找了一份新的工作。工作一段时间后，他渐渐对野外钻探业产生了浓厚的兴趣，立志当一名独立的石油勘探商。

当腰包里攒了几千美元后，凯文·理查德就跑去租赁设备，钻井取油，但是结果令人遗憾，他遇到了一口枯井。

不过，第一次钻井的失败并没有击溃凯文·理查德心中的理想。在接下来的两年中，每当攒下一部分钱，他就全部用于钻井。两年多的时间里，他打出了29口油井。可是，上帝似乎喜欢和他开玩笑，这29口油井全部都是枯井。

尽管困难重重、前路漫漫，可凯文·理查德始终没有放弃自己的理想，他在自己的理想之路上艰难求索。然而，眼瞅着即将迈入不惑之年，他依然一无所获。

痛定思痛后，凯文·理查德专门去攻读了地质结构、油层模型以及其他方面的地质学知识。他孜孜不倦地研读、反复推敲、论证。在理论知识的帮助下，他开始了又一次的钻探。

这一次，凯文·理查德终于发现了巨大的油藏。

凯文·理查德在经历了29次失败后，终于找到了油藏。试想一下，在这一次又一次挖到枯井的过程中，如果他放弃了心中的信念,那么他将永远无缘后来巨大的油藏。

因此,我们不要轻易说,自己已经尽力。看看曾经站在同一起跑线上的人,他们是不是已经远远把你超越,如果有人走在你的前方,你就应该相信你也可以再多走一步,再多试一次。

也许,仅仅是这一步,就会让你悄然蜕变。

你若不坚强,谁替你勇敢

1

史泰龙毫无疑问是20世纪非常成功的也是非常著名的动作巨星。作为著名的动作演员、电影编剧,同时也是导演及制作人,史泰龙给观众带来太多的精彩,而他成名的经历更是让他的人生变得更加传奇。

史泰龙在拳脚交加的家庭暴力中长大,他的父亲好赌,而母亲嗜酒,父亲输钱了打他出气,母亲喝醉了打他出气,史泰龙常常是鼻青脸肿、皮开肉绽。

后来父母离婚,史泰龙跟着爸爸生活。高中辍学后,他便无所事事,混迹街头。直到20岁的时候,一件偶然的事改变了他,令他幡然醒悟。他下定决心,要走一条与父母迥然不同的路,活出个样子来。

但是做什么呢?他长时间思索着。从政,可能性几乎为零;经商,压根没有本钱;去企业找份工作,他高中都没读完……他想到了进入娱乐圈当演员——当演员不需要文凭,更不需要本钱,一旦成功,却可以名利双收。但是他既没有接受过任何专业训练,也没有出众的外貌,在当时的娱乐圈也没有任何的人际关系资源。思来想去,反正也没有更好的出路,先闯闯看。

于是,他来到好莱坞。找导演、找投资方、找制片人……找一切可能使他成为演员的人,当然,他一次又一次被拒绝了。但他并不气馁,他知道,失败定有原因。每一次被拒绝,他都认真反省、检讨自己。一定要成功,他痴心不改,四处求人……不幸的是,两年一晃过去了,钱花光了,他只能在好莱坞打工,做些粗重的零活,还睡过地铁站、公园。

他暗自垂泪,甚至失声痛哭。难道真的没有任何希望了吗?汲取之前多次失败的教训,他想出了一个"迂回前进"的思路:先写剧本,待剧本被导演看中后,再要求当演员。两年多的耳濡目染,每一次拒绝都是一次口传心授,于他而言,也是一次学习的机会。因此,他已经具备了写电影剧本的基础知识。

他从拳王直播赛中找到了灵感,写出了第一个剧本

《洛奇》，他拿着剧本遍访各位导演、投资人："这个剧本怎么样，让我当男主角吧！"大多数导演都认为剧本还行，但是要让他当主演，那无异于天方夜谭。

他不断对自己说："我一定要成功！也许下一次就行，不行就再下一次……"在他一共遭到1000多次被拒绝后的一天，一个曾拒绝过他多次的导演对他说：

"我不知道你能否演好，但我被你的精神所感动。我可以给你一次机会，但我要把你的剧本改成电视连续剧，同时，先只拍一集，就让你当男主角，看看效果再说。如果效果不好，你便从此断绝这个念头吧！"

为了迎接这一刻的到来，他已经准备了3年时间！为了抓住这个来之不易的机会，他不敢有丝毫懈怠，全身心地投入了表演。第一集电视剧创下了当时全美最高收视纪录——他成功了！

强者永不言败。他们让人敬佩的地方不在于他们最终成为强者，而是他们身上那份屡败屡战、愈战愈勇的气魄。这份傲视群雄、百折不挠的气魄，让他们最终成为出类拔萃、脱颖而出的强者。

正所谓："天将降大任于斯人也，必先苦其心志，劳其筋骨，饿其体肤，空乏其身，行拂乱其所为。"请你坚强起来，带着坚强去拼搏，去战斗，相信你定能绽放生命的光彩。

2

英国劳埃德保险公司曾从拍卖市场买下一艘船,捐献给了国家,停泊在英国萨伦港的国家船舶博物馆里供世人观赏。这艘船原属于荷兰福勒船舶公司,那劳埃德保险公司为什么会拍下这艘船呢?原来,除了在保费方面可以受益之外,这艘船还有着不可思议的经历。

这艘船1894年下水, 在大西洋上曾138次遭遇冰山,116次触礁,13次起火,207次被风暴扭断桅杆,虽然它伤痕累累,但是它却从未沉没过。

使这艘船名扬天下的是一名来此观光的律师。当时,他刚打输了一场官司,委托人也自杀身亡了。他怀着深深的歉意来到博物馆参观, 尽管这不是他第一次辩护失败,也不是他遇到的第一例自杀事件,然而,每当遇到这样的事情,他总有一种负罪感。他不知该怎样安慰这些遭受了不幸的人。

当他在萨伦船舶博物馆看到这艘船时,他突然萌生出一个想法,为什么不让这些人来参观这艘船呢?于是,他就把这艘船的历史抄下来和这艘船的照片一起挂在他的律师事务所里,每当有人请他辩护时,无论输赢,他都建议他们去看看这艘船。

参观的人中,有生意失败的商人,有失恋的年轻人,有失去亲人的伤痛者,也有初出茅庐的创业者、热恋中的情侣、拖家带口的观光客,等等,凡是到过博物馆的人,无不为这艘船百折不挠的经历所折服。大家参观后说的最多的一句话就是"在大海上航行,没有不受伤的船"。

人生如行船,有时风和日丽,有时狂风暴雨。我们不能抱怨大海的无情,也不能哀叹命运的不公。泪水洗不去人生的尘埃,伤痕也藏不住生活的艰辛。我们不如每天给自己一个希望,每天给自己一份快乐的心情,坦然豁达地面对生命带给我们的一切困难与挫折。

3

曹操,治世之能臣,乱世之奸雄。曾经遭遇过多次兵败:下江南,折戟沉沙于赤壁;讨西凉,弃袍割髯于潼关;还承受过丧失爱子之痛。他没有被残酷现实所打倒,毅然重整旗鼓、招兵买马,拥百万兵将,挟天子以令诸侯。无论顺境逆境,他策马扬鞭,一往无前,尽显英雄本色。"老骥伏枥,志在千里,烈士暮年,壮心不已"正是他无所畏惧、坚韧不屈的真实写照。

坚强是冲破羁绊、坚韧前行的不竭动力,是跨越磨难、成就人生的必胜信念。坚强的人不畏风霜,坚强的人自信乐观。"要么死,要么精彩地活着",著名断臂钢琴师刘伟将他的这句豪言付诸实践,创造了无数奇迹:他拿过全国残运会金牌,创造过吉尼斯世界纪录,他是首届"中国达人秀"冠军,还登上了维也纳金色大厅舞台⋯⋯十岁那年,因为触电他失去了自己的双臂,然而,刘伟却用"坚强"为自己插上了一双隐形的翅膀,他用双脚在琴键上弹奏出美妙的乐章。

即使有一千个理由让我们放弃和消沉,我们也必须一千零一次选择坚强。坚强,就是把辛酸和悲伤留给自己,把微笑和美丽留给别人。人生,耐得住寂寞,才能守得住繁华。每一个优秀的人,都有一段沉寂的时光。那一段时光,是付出了很多不为人知的努力,忍受着孤独和寂寞,无人诉苦,也无从抱怨,日后回想时,连自己都能被感动的日子。

你的任性要配得上你的本事

寻求幸福之路，没你想的那般容易。你七岁不努力学习，十七岁没有努力考大学，二十七岁没有努力工作或是创业，你能指望自己在三十七岁的时候衣食丰厚，生活无忧吗？

明天过得怎么样,取决于今天的你怎么选

1

哲学课上, 一位学生的异常引起了哲学老师的注意。他正襟危坐,低着头,两只手反复摆弄着自己的衣角,阴沉着脸,充斥着不安和焦虑。老师从别的同学口中得知,他一直很努力却总是得不到理想的成绩, 在这次期末考试中, 各门功课考得一塌糊涂。 于是老师走近他的身边, 将事先准备好的一张纸扔到地上,问道:"这张纸有几种命运?"

那位同学因为老师猝不及防的提问而显得有些慌张,他怯懦地说:"这纸扔到了地上就是废纸, 这就是它的命运。"老师思索了片刻,将那张纸捡起来撕成两半,又扔在地上踩了几脚,接着心平气和地请那位学生再一次回答同样的问题。那位同学对于老师的行为感到费解,他小声地回答:"这下纯粹变成了一张废纸。"

老师默默地捡起那两张废纸回到讲台,拿起笔,很快,就在上面画了一匹奔腾的骏马,而刚才踩下的脚印恰到好处地变成了骏马蹄下的原野。最后老师举起画问那位学

生："现在,请你再告诉我这张纸的命运是什么?"那位同学恍然大悟,干脆利落地回答:"您给予了一张废纸希望,使它变得有价值。"老师微微一笑。接着,他拿起那幅画,将它撕了个粉碎。

老师指着这堆碎片,大声地说:"大家都看见了吧,起初这只是一张再普通不过的纸,如果我们以消极的态度去看待它,放弃希望使它彻底毁灭,很显然,它就根本不可能有什么美感和价值,它只能是一文不值的废纸。我们让这纸片经历更多的磨难,它的价值就会更小。但如果我们以积极的心态对待它,给它一些希望和力量,纸片也可以变废为宝,其价值也会逐步提升。一张纸片如此,更何况是一个人呢?"

一张纸可以一文不值地躺在地上被我们随意践踏,也可以成为价值连城的字画供我们欣赏,更可以被折成纸飞机,飞得很高很高,让我们仰望。命运固然不会一直是一条直线,它的曲折正是你练就一身本领的助推剂,它的多变只会让你更坚强。纸片的命运掌握在我们人类的手中,我们有赋予它何种价值的权利,我们人类为何不去把握自己的命运,让自己飞得更高呢?记住!命运永远都掌握在自己的手中。

我们老得太快,却聪明得太迟。人生之路对我们来说还很漫长,从某种意义上来说,它也是短暂的。人生总要面对许多选择,这也是你人生的重要转折,你的每一个选择都决定了你未来的命运。而这些选择往往都出现在你年轻的时候或者迷茫的时候,当这些选择赤裸裸地摆在你面前,你只有咬着牙做出抉择。而当我们满腹经纶、有丰富的经验来支撑我们做选择时,其实你已经没有多少可以选择的机会了。

2

Jason不仅酗酒,近年来甚至沾染上了毒瘾,他的脾气变得越来越暴躁。有一天,在餐厅就餐,他跟一位服务人员发生了些争执,盛怒之下他将人给杀了,然后被判终身监禁。Jason有两个儿子,在大家看来,这样的家庭只能培育出社会的败类。大儿子果真走上了Jason的老路,整日酗酒,毒瘾也很重,靠抢劫和偷窃为生,最后被关进了监狱。二儿子就不一样了,他不仅有漂亮的妻子和三个可爱的孩子,收获了一个非常幸福美满的家庭,而且还成了一家跨国公司分公司的老总。有一位记者因为好奇分别采访了这两个人,问道:"为什么这样一个糟糕的家庭却培养出了两个截然不同的人呢?"他俩的回答如出一辙:"我已经遇上了这样的父亲,我又有什么办法呢?"

　　是的,每个人都无法选择自己的父母和家庭。故事里这两个孩子面对如此堕落的父亲,一个选择自甘堕落,任由自己走父亲的那条不归路,而另一个选择奋起反抗,为了改变自己的命运而努力拼搏最终走上成功之路。成功与堕落都是选择的结果。你选择继续升学也好,你选择就业或创业也罢,你的命运就把握在自己的手中。你不知道自己努力了究竟能否成功,但你不努力的话一定不会成功。

　　埋在地里的种子都是与阴暗潮湿的土壤为伴,要么烂在这片黑暗之中,要么冲破自己的极限,顶着压力破土而出,向世界展示自己的美丽与芬芳。这就是生物的选择生存。有人说:"人生就是一连串的抉择,每个人的前途与命运完全把握在自己手中,只要努力,终会有所成。"连小小的种子都有冲破比自身重很多倍的土壤的力量,我们所蕴藏的力量岂不是更大!我们缺少的只是激发出自己潜在力量的动力。这个动力可以是取得学业上的成就、打造出自己的一番事业、追求一段刻骨铭心的爱情等。这种内在的推动力从不允许人们停下脚步,它总是激励着我们为了更加美好的明天而努力。一旦你找到了这种动力,在这推动力的引导下,你的人生就会成长、开花、结果。可是,如果你无视这种力量的存在,或者只是一时兴起接受这力量的指引,做事三分钟热度,就只能埋没于平庸之中。

　　当你独自一人站在四通八达的路口,不要迷茫,不要彷徨,记住那句话:"走上人生的旅途吧,前途很远,也很暗。然而不要怕,不怕的人的面前才有路。"每一条路的尽头都是我们未知的结果,我们要根据自身的情况而定,选择一个方向,勇敢地迈出自己的第一步,让青春学会选择,让选择打造成功,让成功引领人生。

3

一天晚饭后,艾森豪威尔像往常一样和家人一起打牌。可是这一天,他的运气特别不好,每次都会拿到很差的牌。于是他开始抱怨,后来,他实在是忍无可忍,便发起了脾气。一旁的母亲见状,严肃地说道:"你既然选择了打牌,不管你拿到的牌是好是坏,你都要接受它,想着如何用手里的牌去制胜。要知道,好运不可能永远眷顾于你!"

艾森豪威尔根本听不进去母亲的话,他依然愤愤不平。母亲见他气呼呼的样子,就心平气和地告诉他:"其实,人生就和打牌一样,发牌的是上帝,不管你手里的牌是好是坏,你都必须拿着,你都必须面对。你能做的,就是让浮躁的心情平静下来,然后认真对待,把自己的牌打好,力争达到最好的效果。这样打牌,这样对待人生才有意义!"

　　母亲的话如当头一棒，令艾森豪威尔在突然之间对人生有了直观的感悟。此后，他将母亲的话谨记于心，并以此激励自己去努力进取、积极向上。就这样，他一步一个脚印地向前迈进，成为中校、盟军统帅，最后登上了美国总统之位。

　　印度前总统尼赫鲁曾经说过这样一句话："生活就像是玩扑克，发到手里的是什么牌是定了的，但你的打法却完全取决于自己的意志。"没错，上帝发的牌都是随机的，发到你手里的会有好有坏，分到什么就是什么，没有任何选择的余地和更换的可能性。

　　当你拿到上帝给你的差牌时，请不要一味地抱怨，抱怨对于你没有半点用处，你的现状也不会因为你的抱怨而有所改变。你可以尝试调整自己的心态，将心情变好一些，只有这样你才能将自己手中并不算好甚至还有点糟糕的牌优化组合，并力求把每张牌都打好。

没伞的孩子，你更需要努力奔跑

1

有位德高望重的大师，他有三个徒弟。有一天，他吩咐三个徒弟上山砍柴。出门前，他交给大徒弟跟二徒弟一人一样东西。大徒弟收到一把雨伞，二徒弟收到一根拐杖，唯独三徒弟，大师没交给他任何东西。

三徒弟嘴里小声咕哝着："明明我最小，师父却什么都没给我……"

这可逃不过大师的法眼，他早已看穿三徒弟的心思，他慈爱地对着三徒弟微微一笑，然后催促着三个徒弟抓紧时间上路。

中午的时候，天空忽然间乌云密布，竟下起了大雨。

到了傍晚，三个徒弟都挑着各自的柴回来了。只见大徒弟浑身湿透；二徒弟满身是伤；唯独三徒弟却安然无恙。

大师把三位徒弟叫到一起，他们看到各自的模样面面相觑，大师说："说说看，你们这一路都发生了什么？"大徒弟说："我走着走着，天空突然阴沉沉的，我心里想：反正我有伞，下雨我也不怕。于是我砍完柴就往回赶，可是雨势越来越大，我挑着柴，却没法腾出手来撑伞，所以被淋湿透了。因为我知道自己手里没有拐杖，所以我在泥泞坎坷的路上专挑平稳的地方走，走得十分小心谨慎，所以我一个跟头也没摔。"

接着二徒弟说："我知道自己有拐杖，所以我遇到山路上那些坑坑洼洼的地方时根本不会避开，没想到我却经常摔倒。但是，当大雨来临的时候，我知道自己没带伞，所以我尽量挑那些可以避雨的地方走，身上自然也就没有怎么被淋湿。"

这时候，三徒弟似乎明白了师父的用意，他激动地说："我知道我可以安然无恙的原因了！正是因为你们有伞和拐杖，你们不会避开大雨和坑坑洼洼的地方，所以你们才会被淋湿和摔跤。而我什么都没有，当大雨来时我只能躲着走，路不好走的地方我便格外小心，于是我既没淋湿也没有跌伤。"

大师微笑着点头，慈爱地看着三徒弟，然后对大徒弟和二徒弟说："正是因为你们自以为拥有可以依赖的东西，少了忧患，所以你们才会失误。"

2

倘若你是一个没有雨伞的孩子,下雨的时候,别人可以撑着伞慢慢走,但是你必须奔跑。

也许你会躲起来等雨停,但是雨停了或许天就黑了,天黑路滑,那时候你的路更难走;也许你会等着别人来给你送伞,但是期待中的温暖却迟迟未至。这时候,你只能选择依靠自己,在大雨中快速奔跑,记住,一定要快,因为只有更快,更努力,你才能被淋得越少。

有人也许会问:"如果已经下雨了而我注定会被雨淋,那为什么还要跑呢?这不是白白浪费力气吗?"我想说,奔跑的人才有机会,不愿奔跑的人连机会都没有。没错,如果你没伞,就算跑得再快也无法避免被淋的命运,但你要知道,努力奔跑会让你早一点到达避雨之所,你的衣服不至于会被全部打湿,可能还不会影响穿着。倘若你不愿奔跑,那你一定会被淋成落汤鸡。

3

有一个年轻人,因为家里过于贫穷便早早地辍学,来到城里寻求谋生之路。然而,他感受到的是人与人之间的冷漠,他觉得根本没人看得起自己,而身上的钱也所剩无几,于是他决定离开这个城市。离开前,他给当时很有名的银行家罗斯写了一封信,抱怨了命运对他的不公……那天,他用光了身上的最后一分钱,打包好行李准备离开旅馆时,他突然收到了罗斯的回信。信中,罗斯并没有对他的遭遇表示同情,而是在信里给他讲了一个故事:

鱼鳔掌控着鱼类的生死存亡。鱼鳔产生的浮力,可以使鱼在静止状态时,能够自由控制身体处在某一水层。此外,鱼鳔还能使腹腔产生足够的空间,保护其内脏器官,避免因水压过大而使内脏受损。可是,在浩瀚的海洋里,有一种鱼却是惊世骇俗的异类,它天生就没有鳔!而且,更让人惊奇的是,它早在恐龙出现前3亿年前就已经存在地球上,至今已超过5亿年。近1亿年来它几乎没有发生任何改变。它就是被誉为"海洋霸主"的鲨鱼!英雄式的鲨鱼用自己的王者风范、强者之姿,创造了无鳔照样称霸海洋的神话。那么,究竟是什么让鲨鱼没有了鳔还能在水中活得游刃有余呢?科学家们研究发现,由于鲨鱼没有鳔,一旦停下来,身子就会下沉,所以,它只能依靠肌肉的运动,永不停息地在水中游动,从而使其保持了强健的体魄,成就了一身非凡的战斗力。

最后,罗斯在信中说:"这个城市就像一片浩瀚的海洋,而你现在就是一条没有鱼鳔的鱼······"

那晚,这个年轻人躺在床上辗转反侧,久久不能入眠,脑海里反复想着罗斯的话。最终,他做出了决定。

第二天,年轻人便请求旅馆的老板:"只要能给我一碗饭吃,我愿意不拿一分钱工资留下来当服务生。"旅馆老板见竟然有这么便宜的劳动力,就很高兴地收留了他。

10年后,这个年轻人拥有了令人羡慕的财富,并且娶了银行家罗斯的女儿,他就是石油大王——哈特。

成功没有任何捷径可走,你只有通过努力才能得到你想要的。倘若只想着寻求成功的捷径,无异于舍本逐末,而且显得愚昧无知。有伞的孩子固然是幸运的,没伞的孩子也没有必要为此沮丧,因为只要你愿意拼命"奔跑",就会获得更多的勇气与力量,一样可以为自己撑起"大伞"。

成功要耐得住寂寞

1

一位美国心理学家曾经做过这样一个实验：

他们将美味的糖果分发给一些6岁的孩子，并且告诉孩子们：糖果可以吃，但是如果你立刻吃，只能吃一颗；如果等20分钟，则能吃两颗。面对糖果的诱惑，有些孩子根本等不了那么久，马上把糖吃掉了；还有一些孩子为了能吃到两颗糖，他们闭上眼睛不看糖，或者自言自语、唱歌，有的甚至睡着了。最后，他们终于吃到了两颗糖。

后来心理学家们继续跟踪这项实验，那些在他们6岁时能等待20分钟吃两颗糖的孩子，到了青少年时期仍能耐得住性子，做事有条不紊，且不急于求成。而那些迫不及待只吃了一颗糖的孩子，在青少年时期更容易有固执、优柔寡断和压抑等个性表现。

后来，这些孩子们上了中学，他们的差异越发明显。通过对这些孩子的父母及教师的一次调查，心理学家们发现，那些在6岁时能经得住诱惑和时间考验的孩子们，其适应性较强，冒险精神较强，也比较受人喜欢，他们都很自信、独立。而那些经不起糖果诱惑的孩子则更偏向于孤僻，他们易受挫，且较为固执，他们往往很容易屈从于压力并逃避挑战。

又过了十几年，心理学家们再次调查了那些孩子。他们发现，那些能够为获得更多的糖果而等待得更久的孩子要比那些缺乏耐心的孩子更容易获得成功，他们的学习成绩要相对好一些。后来，这项实验仍在进行着，在后来几十年的跟踪观察中，经得住诱惑和耐得住时间考验的孩子在事业上也相对出色一些。

在这项实验里，糖果对于孩子们来说就是一种诱惑，那难熬的20分钟考验的正是孩子们能否耐得住寂寞。想成功的第一步就是要学会忍受寂寞和拒绝诱惑。你对梦想的渴望越强烈，对成功的目标越坚定，越能忍受得了寂寞，你离成功就会越来越近。过早地吃掉自己的糖果，过早地屈服于诱惑，只会让自己离成功更远。

时间最能考验人的意志，困难最能磨炼人的意志。追求成功的路上，寂寞、困难和挫折不可避免，坚定的意志、积极进取的精神就是你冲破重重阻碍的利器。凡成大事者，支撑他的往往都是坚定的意志，陪伴他的都是无人能懂的寂寞和那一份倔强的坚持。

2

不经历困难和痛苦的过程，怎么能取得事业上的成功？坚忍不拔的忍耐就像打开成功之门的钥匙。从某种程度上来说，成功者和失败者的主要区别就在于能否耐得住寂寞。

卧薪尝胆的故事家喻户晓。越王勾践曾是吴王的阶下囚。为了打败吴王，他忍辱负重，甚至沦落到为吴王夫差当马前卒的地步，但他并没有屈服于这糟糕的境遇。他甘心忍受这寂寞而又难熬的牢狱之灾，卧薪尝胆，最后，他东山再起，打败吴王。

史学家司马迁曾被害入狱，惨遭酷刑，可他凭借着顽强的意志力，独自忍受着寂寞，在狱中专心写作，最终创作出了我国的第一部纪传体通史——《史记》，从此留名青史。

著名画家梵·高的作品是在他过世之后才被世人认同的，生前他承受着常人难以想象的孤独和痛苦。他穷困潦倒，身居陋室，但他从来没有停止创作。那时，陪伴他的是那大片大片的金黄色的麦田、色彩浓烈得让人窒息的向日葵。他过世后，世人极力推崇他的价值，他的作品被卖到天价。

贝多芬独自品尝着生活的不幸,却从来没有向命运低下头颅。他在寂寞中创作出的《命运交响曲》充满震撼人心的力量。

成功的机会对每个人来说都是平等的。有些人无法成功并不是自己没有成功的欲望,而是因为其欲望太过强烈,目标太过宏大,心情太过急切。

成功之路充满着坎坷、无耐、寂寞和孤独。当你习惯于被孤独感包围时,成功就在不远处。记住,耐得住寂寞,就是在守候成功。

年轻时的我们都曾被寂寞困扰过,那时,我们害怕寂寞、痛恨寂寞,总想着摆脱寂寞。长大后才知道,所谓"寂寞",是成长必须承受的"痛"。要想成功,就要做好只有你一个人踽踽前行,没有鲜花,没有掌声,没有赞美,甚至会受到嘲笑和打击的思想准备。你要知道,那时的你,没有人会愿意把目光多留在你身上一点。在成功到来之前,你不仅要习惯孤独,还必须不断进步,其实你可以将这份寂寞当成财富,一点一滴积存在生命的仓库中。

3

拥有属于自己的事业是他一直以来的梦想,为了实现这个愿望,他在上大学的时候就开始尝试踏入社会了。家里给了他一笔钱,作为他的创业基金。刚开始,他没有什么经验,也不知道从何处下手,于是他进了一些小物件卖。但是,又因为缺乏市场洞察力,他进的这些货根本卖不出去。最后连本钱都赔了进去。不过经历了这次失败,他并没有因此而退缩,他觉得这可能是因为自己涉世未深,太缺乏经验了吧,于是他很快地振作了起来。

很快,他大学毕业了,他已经迫不及待地想要东山再起了。他心想,终于正式踏入社会了,我可以大展身手了!家人对于他创业的想法不仅给予了肯定,还给了他一笔创业基金。但是家人建议他做好市场调研再着手去做,可跃跃欲试的他哪里顾及得了那么多,他迫不及待地把钱投进项目里,结果还是以失败告终。

经历了两次失败也没有磨灭他创业的决心。他决定再拼一次,这次他拒绝了家里人经济的支持,问朋友借了点钱,将公司又开起来了。他对自己非常有信心,他觉得成功一定会属于他的!可是现实很残忍,这次他还是失败了……虽说经历了三次失败,但他的积极性可一点儿都没有被磨灭,他又重新振作了起来。只是看到债务的数字时他也会微微叹口气。

一次偶然的机会,他得以跟大学时代的老师交流了一次,他告诉老师:"我真的很努力,可我怎么都想不明白我为什么成功不了,我不怕失败,每次遭遇挫折我都会重新振作,可是我的付出却换不来一丝丝的回报。我不知道我还能坚持多久……"

老师听完后给他讲了一个故事:"我年轻的时候喜欢游历四方。有一次,我走到了一片草地上。那里人迹罕至,草非常茂密。我担心天黑之前找不到落脚点,于是我加快速度赶路,我走着走着,突然被什么东西绊倒了。不过我没有在意,因为我很着急,所以我站起来拍拍灰,继续前进。但是没走多远,我又摔倒了。这个跟头摔得很疼,我就开始纳闷了,这草地上又没有障碍物,我为什么总是摔倒呢?我仔细观察才发现,原来绊倒我的是草环,我又看了周围,发现这些草环勾勒出了一个轮廓,而在这些草环中央是一片沼泽,那是我正准备通过的地方……"

听完老师的话,他若有所思。在那之后,他没有急于创业,反倒是销声匿迹了一段时间。就在他周围的人以为他是被失败打倒而变得一蹶不振的时候,他再次东山再起,仅用了短短几年的时间就让公司走上了正轨,成就了自己的一番事业。

造物主是仁慈的,也是智慧的。他给了我们每一个人成长的机会,但他不会让任何人轻而易举地获得成长。我们身边的亲人、朋友、敌人都是帮助我们成长的良师益友。而我们经历过的那些困境也好,顺境也罢,痛苦也好，欢乐也罢，都将化作一笔笔财富存入人生的金库。

寂寞，可以让我们有时间仔细审视自己的过去、现在、将来，可以让我们有空间认真地打量自己的背后、左右、前方，可以让我们有兴趣轻松面对自己的快乐、悲伤，可以让我们有精神全力地爱护自己的亲人、朋友、爱人，更可以让我们有毅力牢牢地把握自己的人生。

今天的沉默只是为明天的成功蓄势，与寂寞相伴总有一天会让你厚积薄发。记住，今天的沉默只为明天的迸发，现在的寂寞必然得到将来的成功。

可以一无所有，但至少让自己无可替代

1

俗话说得好：三百六十行，行行出状元。这世上有很多种工作，其性质和发挥的作用不尽相同，它们没有好坏之分，有的工作很显耀，有的工作则很平淡，但是不论哪行哪业，只要将它做到极致，你也一样能脱颖而出，不可替代。

只要身处职场,你就应该知道不可替代的重要性。现在职场的竞争十分激烈,你以为自身条件足以胜任你的岗位,殊不知比你条件优秀的人层出不穷,他们可能做得比你更好。

我国每年都会进行公务员招考,其岗位竞争有多激烈大家应该都清楚,几千个人争十几个岗位是再正常不过的事情了。

再把目光转向民营企业,裁员对于他们来说是再正常不过的事情了,在公司因为经营不佳而不得不裁员的境遇下,你就知道不可替代的重要性了。一旦你的工作随时可以被别人取代,而你的身边能胜任你工作的人数不胜数,你就没有半点竞争的优势,你的去留全掌握在别人的手里。

也许有人会问:"公司中重要的职位就那么几个,狼多肉少啊,大部分员工又都处在普通岗位,他们又如何让自己成为不可或缺的那一个呢?"的确,当前工作分工越来越细,大部分工作都是一些没有什么技术含量的工作,换作是谁都可以上手,但有一个秘诀可以让你变得不可替代:你做得比任何人都要好。

身处职场,你一定要有忧患意识。要知道,你的身边还有许多比你优秀的人,他们随时可以替代你。你必须清楚自己的实力和周围的形势,做到知己知彼,因为你所面临的压力和挑战非常大,想要保证自己不被淘汰,或者是取得进一步的发展,你就必须做得比他们更优秀,做到出类拔萃才能成为公司里不可或缺的员工。

2

说到外交学院里品学兼优的好学生,非艾莉莫属。在她毕业那年,正赶上政府精简机构,外交系统也不例外。品学兼优的艾莉被分配到英国大使馆的电话室做接线员,了解她的人都为之惋惜,觉得她是运气不佳。因为接线员在他们眼里是个没有出息也没有前途的岗位,对于出类拔萃的艾莉来说实在是屈才了,大家纷纷建议她重新找个更好的工作。

让同学们诧异的是,艾莉却心甘情愿地接受了这份工作,她说:"从接线员做起,也许会让我成长得更扎实。"她对接线员的工作投入了满腔的热情。平日里,她将使馆所有人的名字、电话、工作范围,甚至连他们的家人的名字都背得滚瓜烂熟。很多人打来电话,却不知道要办的事情应该找谁。她总会耐心地询问,尽量帮助他们找到该找的人。渐渐地,使馆人员有事外出前,都会给她打电话,告诉她有谁可能会来电话,请她帮助转告、解答有关事项,就连私事也委托她通知。不到一年,使馆人员都亲切地称呼她为"留言中心秘书长"。

有一天,艾莉像往常一样工作着,大使突然来到电话室,对艾莉表扬了一番,说:"没有小角色,只有小演员。你在平凡的接线员岗位上,做出了不平凡的成绩。你将受到外交部的嘉奖……"

大使的这个举动,在使馆人员的眼里可是破天荒的事情,没过多久,她就被调去给英国某报社的驻外首席记者做翻译。

这位首席记者是个声名显赫的人。他得过战地勋章,被授过勋爵,可也十分难缠,是出了名的臭脾气。他身边的翻译就是被他给逼走的。他原本不打算再雇用翻译,后来听说艾莉很优秀,才勉强同意试一试。结果艾莉来了之后,首席记者对艾莉非常满意,他十分欣赏艾莉,甚至提出退休时请艾莉来接替自己的工作。

后来艾莉没能接替首席记者的工作,而是被调回英国大使馆,出任大使的秘书,成为一位前途无量、令人羡慕的外交官。

3

所谓"专家",就是指在学术、技艺等方面有专业技能和全面知识的人,他们在某个领域具有很高的造诣,是无可替代的。事业上亦是如此,在你找到终生愿意为之奋斗的事业后,一定要努力让自己成为这个领域的专家。成为专家不仅是我们个人对自己的要求,也是现代企业对员工的基本要求。如果你是对于新闻有着超乎常人的嗅觉且能写出好新闻的记者、医术精湛的内(外)科医生、掌握了公司业务核心技术的软件工程师、创意无穷的文案写手、精通多国语言的外贸人员……不管哪行哪业,只要成为专家,你都会很快成为举足轻重的人物。

竞争日益激烈,成为行业里的专家是你人生前行的通行证。拥有了这张通行证,你就可以在这激流里顺利抵达彼岸,在这广阔的蓝天上尽情翱翔。行业专家,能使企业在短时间内、在某一专业领域内迅速提升竞争力,其受欢迎程度自然也很高。

"干一行、爱一行、钻一行"是我们常说的话。说起来容易,做起来难。任何人都想把自己所追求的事业做得尽善尽美、无可挑剔,可几乎没有人能达到这个要求。要做一名行业内专家自然不是一件易事,这需要我们认真思考,大胆实践,用时间去沉淀。我们对自己的要求一定要高,因为只有高要求,才有高目标的实现。

不是每个杰出人物都有光辉闪耀的过去,他们往往在成功前过着像我们一样平凡的生活,只是他们有自己的目标,为了这个目标,砥砺前行,一步步走向卓越。千万不要觉得你比别人弱,觉得别人都比你优秀,不会某个技能,就去学;不懂哪个问题,就去问。你的努力,会让你成为一个不可替代的行业内专家。

4

著名的成功学创始人拿破仑·希尔曾经聘用了一位年轻的小姐当速记员,她的工作就是替拿破仑·希尔拆阅、分类及回复他的大部分私人信件并且负责听他口述、记录信的内容。

有一天,拿破仑·希尔口述了一句格言:记住,你唯一的限制就是你自己脑海中所设立的那个限制。这句话深深地刻在了她的心里,她决定付诸行动。她开始比一般的速记员提早来到办公室,开始一天的工作,当别人完成一天的工作回家后,她选择吃完晚餐回到办公室加班,继续她分内的工作,尽管这并没有额外的报酬。

不仅如此,她还开始研究拿破仑·希尔的写作风格,她会提前把回信写好并送到拿破仑·希尔的办公室。因为她的钻研,这些信中的内容跟拿破仑·希尔写得一样好,有些地方甚至超过了拿破仑·希尔。

后来,拿破仑·希尔的私人秘书辞职了。拿破仑·希尔得找人来补这个秘书职位,他很自然地想到这位小姐。实际上,在拿破仑·希尔还未正式给她这项职位之前,她已经主动地做了很多这项职位该做的事情。

这位姑娘带给拿破仑·希尔的价值远不仅在工作上面,她的进取心和愉快的精神给公司带来了和谐和美好。这位年轻小姐的名声逐渐被传开,引起了其他公司的注意,很多公司试图挖掘她,给她更好的岗位和薪酬,拿破仑·希尔对此也是束手无策。拿破仑·希尔深知自己和公司都很需要她,于是多次提高她的薪水,她的薪酬已达到她当初来这儿当一名普通速记员的四倍。

你必须把自己变成不可替代的那一个,只有这样,你才不会出局。倘若你随时可以被人取代,那就说明你没有优势,又拿什么跟别人竞争呢?

看不清未来？那就努力做好现在

1

美国著名的电影明星帕特·奥布瑞恩在出名前只是一名默默无闻的话剧演员。有一次，他参演了一部名为《向上，向上》的话剧。帕特为了这个话剧准备得十分充足，他对自己也非常有信心，然而观众似乎对这部剧并不感兴趣，首次公演，座位席上只坐了三分之一的人。后面的几场演出观众就更少了，剧团难以为继，不得不把表演场地搬到一个偏僻廉价的小剧院。

这种偏僻的小剧院，观众更是寥寥无几，没有观众就意味着没有收入，演员们一时间陷入了苦恼之中，对于表演也开始逐渐懈怠和敷衍起来，甚至有人准备离开剧团另谋生路。

可帕特对于表演从未懈怠过，即使台下的观众只有一个，他仍然把自己全身心地投入到表演中。

有一天，帕特像往常一样表演，台下只有一位观众，这位观众他从来没有见过，可是他全程都在认真地观看。帕特表演完,这位陌生人站起来报以热烈的掌声,然后迈着轻快的步伐走上台来。他握着帕特的手自我介绍之后,帕特吃惊不已,原来他竟然是大名鼎鼎的电影导演刘易斯·米尔斯顿。

帕特的演技和敬业精神深深感染了刘易斯·米尔斯顿,他当即邀请他参与电影《扉页》的拍摄。从此,帕特在电影界崭露头角,深受观众喜爱,逐步成为著名的电影明星。

你应该活在当下,因为只有将自己全身心地投入当下的生活和工作,不念过往,才可以把自己所有的精力和能量都集中在一起,出色地完成任务。这更是一种积极的生活态度,你的生命也会因此具有一种强烈的张力。

2

"当下"就好比两座巍峨大山之间的一根绳索,左边和右边分别是"过去"和"未来"的深渊,与其左顾右盼担心着坠下深渊,不如好好地维持自己的平衡,走好"当下"的路。只有"当下"才能给你一个深深地潜入生命水中或是高高地飞进生命天空的机会。享受"当下"的甜蜜,会让你省去忧虑"过去"和"未来"的烦恼。一旦你跟生命保持在同一步调,其他的就无关紧要了。

　　从前，有个国王，他年事已高，准备从三个儿子中间挑选一位王位的继承人，于是他把三个儿子叫到跟前，说："你们各自出发去王国的北方寻找一座最险峻的山峰，从山顶上找到全世界最高、最老、最壮的松树，谁可以从那棵树上摘到一根最好的树枝拿回来，谁就可以继承我的王位。"

　　大王子收拾好行李出发了。三个星期后，大王子风尘仆仆地回到王国，带回了一根巨大的树枝。国王看起来很开心，并恭喜他完成了任务。

　　二王子也信誓旦旦地说要带回更好的树枝，于是带着行囊上路了。这次他去的时间有点久，到第六个星期才拖着一根庞大的树枝回来。这树枝可比大王子的大多了，国王高兴极了。

　　最后，三王子也收拾了行囊出发去寻找那最险峻的山峰。然而他这一去却迟迟未归，直到第十四个星期，国王派人去打听他的消息才知道他已经在返回的途中了。

　　国王算准他到家的时间，命令全国人民聚在一起，等候三王子回来。王子到达时，全身衣服又脏又破，疲累不堪，重要的是，他连一根小树枝都没带回来。

　　三王子流着眼泪，啜泣着说："父亲，很抱歉，我找遍了北方所有的高山，选出最险峻的那座，日以继夜地登上最顶峰，可是我找遍了山顶，发现那里根本就没有树！"

　　国王激动得有些哽咽，温柔地对三王子说："你说的没错，那座最险峻的山的山顶根本没有树木，我宣布，你将继承我的王位！"

　　众人感到困惑，便问国王："三王子明明没有带回树枝，国王为何还要将王位给他呢？"国王说："其实，我知道那座山顶上是没有树的。他很努力，也很诚实，他历经千辛万苦找到最险峻的山，当他发现山顶没有树枝的时候，他坦然地接受了眼前的现状并且诚实地告诉我这个事实，他有着作为一个国王应该有的素质。"

　　倘若三王子没有获得王位，但是他的努力在很多人的眼里已经很值得钦佩了。不论是生活还是工作，我们做事都应该选择尽力而为，到最后你一定会收获丰硕的果实。

　　你不必拼命向别人展示你的才能，那样只会显得你虚妄高傲。凡事尽力而为，不争不显不露，在潜移默化之中就能达到令人臣服的境界。有些事，也许你努力了也达不到目标，可能那本就是一个不存在的东西或者是超过你能力范围内的事情。但是，当你尽力而为之后，就不会给自己的人生留下遗憾。

3

我们一直活得很匆忙，不论是吃饭、走路、睡觉、娱乐，我们总是没办法静下心来去好好地享受这些。就好像总有更伟大的志向正等着我们去完成似的，不愿腾出空余的时间浪费在"现在"正在做的事情上面。

我们都应当活在当下，把焦点集中在现在正在做的事、待的地方、周围一起工作和生活的人身上，全心全意认真去接纳、品尝、投入和体验这些人、事、物。

我们一直都与这些人、事、物为伍，但是，大多数的人都无法专注于"现在"。我们总是心不在焉，干着手里的事，心里却想着明天、明年甚至下半辈子的事。

假若你对眼前的一切视若无睹，反而把自己的精力耗费在未知的未来，你永远也不会得到幸福。一位作家这样说过："当你存心去找快乐的时候，往往找不到，唯有让自己活在'现在'，全神贯注于周围的事物，快乐才会不请自来。"

静下心来阅读一本好书，认真品尝一杯香醇的咖啡，嗅嗅身旁每一朵绮丽的花，享受一路走来的点点滴滴，这才是人生的意义。未来总有无限可能，不是你现在就可以控制的，所以你更要把握好"现在"，"现在"才是上天赐予我们最好的礼物。

很多人抱着错误的"未雨绸缪"心态,今天想着明天可能会发生的烦恼,想要早一步避免或者解决掉明天的烦恼。烦恼总会有的,不要总让还没发生的事情侵占你的大脑,占用你的精力。我们每一天都有人生功课要交,努力完成今天的任务再说吧!

再难走的路,也挡不住坚定向前的脚步

1

英国前首相温斯顿·丘吉尔说:"一个人绝对不可在遇到危险时,背过身试图逃避,这样做只会使危险加倍;但是,如果立刻面对它毫不退缩,危险便会减半。绝不要逃避任何事物,绝不!"

一支登山队在登山的时候风云突变,大雨模糊了大家的视线。队员们商量着是否要原路返回,但是经验丰富的老队长用斩钉截铁的语气告诉大家:"加速往山顶赶!"

登山家对此的解释是:往山下走,虽然风雨看起来小

了一些，却随时可能会遇上暴发的山洪而遭遇不测；但是躲起来又要面临泥石流和山崩的袭击；但倘若一直往山顶走，风雨虽然大，却能避开致命危险的侵袭，生命安全也更能得到保障。所以，对于这支登山队来说，最好的自救方法并不是迅速找个地方躲避，或是向山下跑，而是顶着风雨向山顶走。

人生就像一座险峻的大山，我们就是勇敢的攀登者，困难就像不期而至的风雨。如果一味地逃避躲闪，我们很可能会被卷入洪流；倘若我们能迎难而上，放手一搏，那么就会有生存的可能，甚至还有可能看到美丽的彩虹。

所谓能人，都有坚强的毅力，不会被别人的不理解和否定打倒，也不会被别人的歧视和逼迫击败。即使你是微不足道的小人物，只要你认真而努力地工作，遇事不退缩，勇往直前，你定会修成正果，让大家刮目相看。

你要记住，任何时候，只要心还在坚持，就不可能真的一无所有！

2

一批刚刚被截获的走私自行车在美国海关进行拍卖。

一个大约十岁的小男孩坐在最前排，每当拍卖师叫价的时候,他总是先叫道:"10美元。"大家丝毫没有注意到这个男孩的存在,也没有因为他出了10美元放弃竞拍,拍卖价格一次比一次高,一辆辆崭新漂亮的自行车陆陆续续被别人用三四十美元的价格拍走。

拍卖师逐渐被这个每次只叫价10美元的小男孩所吸引,于是在下半场拍卖开始之前,他走到小男孩面前问他为什么每次只出10美元。小男孩不好意思地挠了挠头,小声地说:"因为我只有10美元。"

拍卖会继续进行,小男孩仍然只叫10美元,当别人把一辆辆自行车推走时,他总是投以羡慕的目光。拍卖会逐渐接近尾声,最后一辆自行车即将被拍卖,这辆自行车的前排有两盏灯,全自动的刹车和可多挡变速的车身在灯光下闪闪发光,毫无疑问,这是拍卖会上最好的一辆车。

拍卖师开始叫价了,令人诧异的是,现场没有一个人应声,静悄悄的。小男孩这时几乎绝望了,也沉默了下来。拍卖师叫第二遍、第三遍,可还是没人应价。小男孩看着那辆全场最好看的自行车,压抑不住的喜欢迫使他最终小声地叫了出来:"10美元。"

他的声音全场的人都听到了,拍卖师把锤子重重地敲下去,大声地说:"没人再叫价的话,这辆多变速的自行车就属于这位身着短裤的年轻小伙子了。"小男孩简直不敢相信眼前的这一切,他瞪大了双眼,全场响起了祝贺这个小男孩的欢呼声。

我们在面对困难时,要像这个小男孩一样,坚定地走自己的道路,这样,成功和喜悦说不定就会不期而至。

3

在一个村庄里,很多年轻人都去了大城市闯荡,没过几年个个回来都是西装革履、出手阔绰,一对兄弟对此心里羡慕不已。眼看着别家陆陆续续都把房子翻新了,他们看着自家破旧的房子,日渐年迈的父母,二人决定去城里好好打拼几年,挣了钱回来好好孝敬父母,让他们安享晚年。

没过多久,他们安顿好父母,简单收拾了几件行李,坐了两天两夜的火车,来到车水马龙、灯红酒绿的大城市。他们随便找了个小旅馆作为安身之所,随后二人便各自出去求职。可是,一没关系、二没学历的两个农村人要在大城市找到工作谈何容易,他们一连奔波了好几天,仍旧毫无头绪。

城市里的开销很大,很快他们身上的钱就所剩无几了,若还找不到工作的话,就真的要露宿街头了,兄弟俩心里万分焦急。想起远在家乡年迈的父母混浊而又期盼的眼神,他们心里十分愧疚和难过,于是他们加快了找工作的速度。这一天一大早,两人又来到贴招工告示的地方。这时,一位皮肤黝黑的中年人走到他俩面前,上下打量了他们一会儿,用吊儿郎当的语气问道:"小兄弟,找工作呢?我们这里缺销售员,你们有没有兴趣来试一试?"兄弟俩一听,连忙说:"有兴趣,有兴趣!"他们没有想到,竟然会有人主动给他们提供工作机会,迫不及待地跟着中年人来到他们的公司。接待他们的中年人说:"我们是一家礼品公司,你们的工作就是跑那些个社区、写字楼,把我们的小礼品推销出去。"兄弟俩连连点头,这份来之不易的工作虽然薪水不高,但他们干得勤勤恳恳。

没有任何关系和销售渠道的他们每天只能提着沉重的样品,跑到小区和写字楼里推销。两个多月时间很快过去了,他们几乎跑遍了这一片区,可是连一个礼品也没有推销出去。

失望、疲惫无时无刻不在冲击着兄弟俩的积极性。弟弟失去了最后的耐心,他对哥哥说:"咱俩一起辞职,重找出路吧。"哥哥拍着弟弟的肩膀,语重心长地说:"万事开头难,咱们不要放弃,再坚持一阵,没准下一次就有收获了。"弟弟最终还是没有听从哥哥的建议,毅然决然地从那家公司辞职了,并且踏上了再次求职的路。

过了一个星期，兄弟两人回到出租屋时却是两种心境：弟弟求职无功而返，哥哥却拿回来推销生涯的第一笔订单。

原来，哥哥曾经五次登门拜访的公司要召开一个大型会议，他们见哥哥如此执着，便向他订购了300多套精美的礼品作为与会代表的纪念品，总价值20多万元。哥哥因此拿到了2万元的提成，赚到了打工以来的第一桶金。

时光飞逝，几年时间过去了，哥哥当上了销售代表，不仅买了汽车，拥有了一套六十多平方米的住房，还把老家的房子修葺一新，父母也过上了好日子。而弟弟的工作换了一个又一个，最后连穿衣吃饭都要靠哥哥帮助。

有一次，弟弟向哥哥请教成功的秘诀。哥哥说："其实，我现在取得的成就没有什么秘诀，只是我比你多了一分坚持与努力。"

兄弟俩原本在同一条起跑线，哥哥却因"坚持"而走上了迥然不同的人生之路。生活中，总有人埋怨上天不公，不给他们成功的机会。请扪心自问：你是不是应该为自己的选择再多坚持一下？

坚持的意义就在于此——不但要努力，还要持续努力。

　　人人都想摘得成功的果实,却只有极少数人愿意等待果实的成长。这些人愿意付出时间和精力见证果实的成熟,因此他们能坚持,坚持,再坚持,最后收获果实就顺理成章了。大多数人见树上只有花骨朵时只会转身离去,而这些人注定会沦落到平庸者的行列。